乡村景观设计

邓寒松 著

中国商务出版社

·北京·

图书在版编目（CIP）数据

乡村景观设计 / 邓寒松著 . -- 北京：中国商务出
版社，2024.8. -- ISBN 978-7-5103-5289-8

Ⅰ. TU986.2

中国国家版本馆 CIP 数据核字第 2024U803X1 号

乡 村 景 观 设 计

邓寒松 著

出版发行：中国商务出版社有限公司

地　　址：北京市东城区安定门外大街东后巷 28 号　　邮　　编：100710

网　　址：http：// www.cctpress.com

电　　话：010 – 64515150（发行部）　　　010 – 64212247（总编室）

　　　　　010 – 64243656（事业部）　　　010 – 64248236（印制部）

责任编辑：谢星光

排　　版：北京梅开飞羽文化中心

印　　刷：北京九州迅驰传媒文化有限公司

开　　本：787 毫米 × 1092 毫米　1/16

印　　张：7.25　　　　　　　　　字　　数：125 千字

版　　次：2024 年 8 月第 1 版　　　　印　　次：2024 年 8 月第 1 次印刷

书　　号：ISBN 978-7-5103-5289-8

定　　价：58.00 元

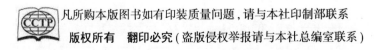

前　言

党中央和国务院高度重视农村的发展。2018 年，中央农办、农业农村部、国家发展改革委、科技部、财政部、自然资源部等十八部门联合印发《农村人居环境整治村庄清洁行动方案》的通知。2019 年 3 月 8 日，习近平总书记在参加十三届全国人大二次会议河南代表团审议时强调，要树牢绿色发展理念。

全国各地掀起美丽乡村与美丽经济建设的新热潮，农村正逐渐呈现出新的乡村面貌。乡村的"美丽"或者"美好"并不单纯是指一种外在的形式感，而是建立在生态美学基础上的伦理价值与审美价值的内在统一。乡村是文化的载体，承载着传承文化历史的使命，而文化内核是乡村存在与发展的思想根基。中国乡村文化内核中所保留的先民们独特的价值观、思维方式、技能工艺等至今仍给我们诸多启迪。在乡村活化其地域文化内核的过程中，需结合当今"地域文化再传播与传统文化再定义"的时代背景，同时融入人文关怀和审美价值观教育的理念，以一种生态审美的方式去塑造绿色的、健康的、生态的世界观、伦理观和价值观。只有人文环境与自然环境和谐发展，才能促进生态文明下的乡村个性化可持续发展，从而达到自然生态、社会生态和精神生态的和谐与平衡，最终实现哲学家海德格尔书中所谈到的"诗意地栖居"。确立乡村建设中的生态观是指引乡村生态自然环境保护的基础，即要尊重自然、顺应自然、保护自然，人和自然和谐相处。要认识到美丽乡村是人与自然和谐相处的乡村，在美丽乡村的建设中必须将发展生态文化放在首位，强调人与自然环境的相互依存、相互促进、共融共处，有效推进自然环境与人文生活的融合发展建设。要构建环境友好型的生态乡村，强化尊重自然理念，注重可持续发展，树立生态美意识，形成在经济发展中保护生态环境，在保护生态环境中发展乡村经济的生态文明观念。

实践证明，加快乡村景观的建设对塑造美丽乡村，提高农村居民生活质量，推动农村经济发展模式的转变有着重大的意义。然而因为城市化进程的快速推进，我国乡村规划盲目地向着城市景观模式趋同发展，导致具有特色的乡村景观被改建或破坏，呈现出千篇一律的样貌。不仅如此，在乡村景观建设中，因为规划不够科学合理，一些原有的历史古迹、乡村风貌被破坏，导致乡村文化内涵和乡土特色缺失。如何在乡村规划设计中将各种资源科学合理地结合起来使其可持续发展，成为目前乡村景观规划设计中必须考虑和迫切需要解决的问题。本书正是在这一背景下应运而生的。

目　　录

第1章 乡村景观设计的基本概念

1.1 景观与乡村景观

一、景观

一般认为，英文 Landscape（景观）一词源于德文 Landschaft，指某一片乡村土地上的风景或景色。而实际上，景观一词最早出现在希伯来文本的《圣经》旧约中，被用来描写耶路撒冷的瑰丽景色，这里的"景观"含义等同于英语中的"Scenery"，与汉语中的"风景""景色"等同义，更多强调人类视觉上的美学感受，泛指自然世界中陆地上的景象。

在 17~18 世纪，园林学科的研究者将其诠释为自然世界、人类文明和它们综合于一体共同构成的景象，包括人造景观和无人类干预的自然景象。在人类社会进入工业文明后，不同领域和学科对"景观"一词有不同的诠释，例如：在地理学领域中，"景观"一词泛指地表景象，是地表上综合性自然地理区域；在艺术学领域中，"景观"是艺术家通过艺术手法表达或表现的对象；在文化地理学科中，"景观"被定义为某一特定区域内由自然景象和人类文明共同构成的综合体；在景观生态学科中，"景观"指代相互作用、相互影响的生态系统，是依托于相似的形式不断重复出现的空间区域，是生态系统中的一种尺度单位。

由此看来，不同领域、不同学科对"景观"一词有着不同的诠释。当代学术界比较集中的观点认为，景观是大地上所有物体的综合反映，一般泛指某一地域的自然景色，也泛指人类通过社会实践创造的人工景象。在此基础上可把景观分为自然景观和人文景观两大类，景观是自然景观和人文景观的综合体。《现代汉语词典》中对景观做出的解释是：①指某地或某种类型的自然景色；②泛指可供观赏的景物。俞孔坚教授在《景观设计：专业学科与教育》一书中指出：景观（Landscape）是指土地及土地上的空间和物体所构成的综合体。它是复杂的自然过程和人类活动在大地上的烙印。景观是多种功能（过程）的载体，因而可被理解和表现为：风景，视觉审美过程的对象；栖居地，人类生活其中的空间和环境；生态系统，一个具有结构和功能、具有内在和外在联系的有机体系；符号，一种记载人类过去、表达希望与理想、赖以认同和寄托的语言和精神空间。

二、乡村景观

在农耕文明出现后，人类社会进入原始公社时期，聚落附近出现了以生产为目的的种植场地以及房前屋后的果园蔬圃。从客观上讲，这就是早期的乡村景观（rural landscaped）。乡村景观是在上千年的演化中自然形成的，由于人类的开垦、种植和聚居，最终刻上了斧凿的印迹。

虽然乡村景观早已伴随着农耕文明出现，但是把乡村景观作为研究对象始于近代。最初，地理学家从研究文化景观入手对乡村文化景观展开了系统研究。之后，西欧地理学家把乡村文化景观扩展到乡村景观，包括文化、经济、社会、人口、自然等诸多因素在乡村地区的反映。20世纪60年代以来，联邦德国乡村环境发生了深刻变化，引起农业地理学家的兴趣。1960—1971年在奥特伦巴（E.O.Otremba）的倡议和领导下，出版了《德国乡村景观图集》，土地利用图和农业结构图是其主要组成部分。1974年，联邦德国地理学家博尔恩在《德国乡村景观的发展》这一报告中阐述了乡村景观的内涵，并根据聚落形式的不同，划分出乡村景观发展的不同阶段，着重研究了乡村发展与环境、人口密度和土地利用的关系。他认为，构成乡村景观的主要内容是经济结构。美国地理学家索尔（C.D.Sauer）认为"乡村景观是指乡村范围内相互依赖的人文、社会、经济现象的地域单元"，或者是"在一个乡村地域内相互关联的社会、人文、经济现象的总体"。社会地理学家着重研究社会变化对乡村景观的影响，把乡村社会集团作为影响乡村景观变化的活动因素。

如今，对乡村景观的研究已不再局限于地理学界，而是拓展到不同的学科和领域。对于乡村景观，不同的学科和领域有不同的内涵界定。

从地理学（Geography）的角度来看，乡村景观是具有特定景观行为、形态和内涵的景观类型，是聚落形态由分散的农舍到能够提供生产和生活服务功能的集镇所代表的地区，是土地利用粗放、人口密度较小、具有明显田园特征的地区。乡村景观是历史发展过程中不同文化时期人类对自然环境的干扰的记录。从地域范围来看，乡村景观是泛指城市景观以外的具有人类聚居及其相关行为的景观空间；从景观构成上来看，乡村景观是由聚居景观、经济景观、文化景观和自然景观构成的景观环境综合体；从景观特征上看，乡村景观是人文景观与自然景观的复合体，人类的干扰强度较低，景观的自然属性较强，自然环境在景观中占主体地位，景观具有深远性和宽广性。乡村景观区别于其他景观的关键在于乡村以农业为主的生产景观和粗放的土地利用景观，以及乡村特有的田园文化和田园生活。

从景观生态学（Landscape Ecology）的角度来看，乡村景观是指乡村地域范围内不同土地单元镶嵌而成的复合镶嵌体，它既受自然环境条件的制约，又受人类经营活动和经营策略的影响，嵌块体的大小、形状在配置上具有较大的异质性，兼具经济价值、社会价值、生态价值和美学价值。景观生态学把乡村景观视为一个由村落、林草、农田、水体、畜牧等组成的自然—经济—社会复合生态系统，认为乡村景观的一个主要特点是大小不一的居民住宅和农田混杂分布，既有居民点、商业中心，又有农田、果园和自然风光。

从环境资源学（Environmental Resource）的角度来看，乡村景观是可以开发利用的综合资源，是具有效用、功能、美学、娱乐和生态五大价值属性的景观综合体。

从乡村旅游学（Rural Tourism）的角度来看，乡村景观是一个完整的空间结构体系，包括乡村聚落空间、经济空间、社会空间和文化空间，它们既相互联系、相互渗透，又相互区别，表现出不同的旅游价值。

在乡村景观概念的阐述上，也有不少是通过与城市景观（urban landscape）相比较来说明的。例如，乡村景观是世界范围内最早出现并分布最广的一种景观类型，在结构上与城市景观的最大区别是人工建筑物空间分布密度的减少以及自然景观成分的增多。乡村景观与城市景观有所不同，乡村的自然因素和人文因素与城市不同，所以形成的景观也不一样。城市根据不同功能进行分区，如行政区、商业区、文教区、居住区、工业区等，各区活动内容不同，建筑和布局也不一样，形成的景观也不同。乡村属于半自然状态，开发强度和密度较低，有良好的生态循环系统，且土地多用于农业生产。从景观构成来看，城市景观是人工景观多于自然景观，而乡村景观则是自然景观多于人工景观。

由此可见，不同学科和领域研究的角度不同，造成了乡村景观概念的多元化。从景观规划专业的角度，乡村景观是相对于城市景观而言的，两者的区别在于地域划分和景观主体的不同。从城市规划专业的角度，乡村是相对于城市化地区（urbanization area）而言的，是指城镇（包括直辖市、建制市和建制镇）规划区以外的人类聚居地区（不包括没有人类活动或人类活动较少的荒野和无人区）。乡村景观是乡村地区人类与自然环境连续不断且相互作用的产物，包含了与之有关的生活、生产和生态三个层面，是乡村聚落景观、生产性景观和自然生态景观的综合体，并且与乡村的社会、经济、文化、习俗、精神、审美密不可分。其中，以农业为主的生产性景观是乡村景观的主体。

三、乡村景观的分类

1.乡村景观分类原则

乡村景观是属于不同程度上带有自然景观特色的人文景观或文化景观，并据此产生了划分乡村景观类型的原则。

（1）相关原则

乡村景观相关原则的外在表现是景观给人的整体感。

（2）同质原则

同一乡村景观内各地段乡村景观的组成成分应该是一致的，这种一致并非指绝对等同，而是指景观内主要组成部分的一致性，以及景观特征、景观功能的一致性，并不排除在景观中对形成景观特征无重大影响的微量质料的不一致。

（3）外观一致性原则

景观外观是反映乡村景观特点的一个重要方面，是乡村景观内部特征的外在表现。

（4）共时原则

乡村景观是活动性较强的动态空间地域综合体，乡村景观的演化具有周期性和随遇性双重特征，所以乡村景观的历史演化极为活跃，同一乡村景观在不同时间的断面表现出不同的景观特征，有时在极短的时间内，乡村景观会有极大变化。

（5）发生、演化一致原则

发生、演化一致专指在某类景观内部所发生的状况，由此推之，这一原则要求异类景观的发生基础相异，演化方向不同。发生一致原则要求同类乡村景观赖以产生的基础（包括自然环境、人文环境）具有相似的特点，演化一致原则要求景观内部各部分具有相似的发展和演变过程。

2.乡村景观的种类

（1）乡村自然景观

中国幅员辽阔，地形地貌多样，包括平原、高原、盆地、丘陵、山地。自然资源丰富，如森林、河流、瀑布、湿地、海洋等。乡村中拥有丰富的自然风景资源，这些自然风景资源同时也是农业生产和生态旅游的资源。

乡村自然景观主要由气候、地质、地形地貌、土壤、水文和动植物等自然要素构成。气候因素对乡村景观产生了巨大的影响，在不同气候的影响下乡村景观会有较大的差异，如日本白川乡合掌村冬天雪量大，当地人用厚厚的茅草盖成屋顶，把屋顶设计得倾斜角度非常大，便于积雪落下，远看就像合起的手掌。

"春雨惊春清谷天，夏满芒夏暑相连，秋处露秋寒霜降，冬雪雪冬小大寒"，几千年的农耕社会形成了独特的二十四节气文化。传统中国人遵循气候水文等自然地理环境的变化，注重因地制宜，从而达到天人合一的目的。"智者乐水，仁者乐山"，人们在几千年对自然景观的利用和改造过程中逐渐形成了对自然山水的崇拜，这从中国山水画和中国古典园林中都可以体会到，人们比拟自然山水之景，并引申出人生境界。北京北海公园后山"濠濮间"出自《世说新语》："会心处不必在远，翳然林水，便自有濠濮间想也。"园林假山模仿自然山地景观，往往三面土山环抱，林木茂盛。山水结构往往以水为主，以山托水，山野情趣浓郁，景色清幽深邃。

（2）农作景观

农作景观是乡村景观的主要内容，主要表现为乡村农业生产的景观风貌，其与当地的土地条件和经济发展水平有着很大的关系。传统的农业生产以人工生产为主，辅以简单的生产工具进行小范围耕作。由于传统社会一直是非机械化的生产，农作景观一直呈现精耕细作这一农业生产特点，因而构成了传统乡村农作景观小斑块式的特征，尤其是在南方乡村。我国地理条件的差异导致了南北乡村农作景观的风貌各不相同，从北方平原"三月轻风麦浪生，黄河岸上晚波平"到南方乡间"稻田凫雁满晴沙，钓渚归来一径斜"，农业生产的景观成为原汁原味的乡土气息的直观体现。乡村农业生产，农田基本建设和灌溉水利设施使用等，包括农业播种、收割、采摘、晾晒、加工制作等，与农田一同构成了完整和真实的农耕时代乡村农作景观场景。随着时代的发展，机械化生产方式必将覆盖大部分生产活动，田野上将呈现工业化的生产场景。

（3）聚落景观

乡村聚落历经几百年甚至上千年的发展历程，形成了现在最适宜当地人生活的环境模式。在漫长的农业文明时代，大大小小的聚落单元散布在中华大地上，乡村社会所必需的各种建筑构成了独特的人类聚落景观。形成聚落的因素有很多，主要有自然环境、生产方式、社会文化、建筑风貌等，这些因素相互作用形成不同组合，决定了聚落景观特征，不同的传统文化和生活习惯造就了不同的聚落形态。

欧洲一些国家基于宗教信仰，乡村和城市的住宅大多围绕着教堂修建而形成聚落，教堂在精神上和交通上都是中心，是人们寄托灵魂的地方，这也成了景观在视觉上重要的特征。

我国福建永定客家人的土楼聚落形式也是中心布局形式。客家人因躲避战乱从北方迁徙到南方，南方土地稀缺，外来的客家人只能在山区扎根，耕种条件十分艰苦，土匪的袭扰让客家人的聚落形成以家族为核心、对外封闭的具有防御性的内院型聚落形式。这类聚落形式可追溯到原始部落里个体住宅的茅草小屋围绕着大屋而建的形式，体现出原始的宗教信仰。

聚落景观的重要特征是乡村聚落与自然环境的协调性。我们的先民善于处理与自然的关系，形成和谐共生的聚落生活形态，也就是我国古代重要的哲学观念之一"天人合一"思想。选择安全的居住位置、充足的光线和便利的水源，利用自然的风能，寻找优良肥沃的土壤，同时为子孙预留下可发展的土地空间，这些共同构成了传统聚落景观的特征。聚落景观首先关注结构形态和历史传承的完整性，聚落往往和农田水利、自然风景密不可分。乡村地区是中国最广泛和最重要的人类聚居地，乡村景观体现出一种多样的景观类型。聚落入口、建筑、街巷、古树老井、交通、排水等元素构成了完整的乡村聚落空间。

以安徽宏村为例，整个宏村仿"牛"形布局。500多年前由于一次山洪暴发，河流意外改道了，宏村汪氏祖先带着村民利用地势落差，引水入村形成现在的水圳。宏村水圳九曲十弯，穿堂过屋，流经各家各户，经过月沼，最后注入南湖。汪氏祖先立下规矩，每天早上8点之前，"牛肠"里的水为饮用之水，过了8点之后，村民才能在这里洗涤。宏村水圳是人类巧用自然资源的智慧结晶，构成了宏村独特的乡村景观风貌。

由于一些历史原因，我国目前保留下来的乡村聚落较少。在城镇化高速发展的今天，大量乡村聚落城市化，有的村落里零星地保存下来一些单体的传统建筑，但整体布局已被破坏，已经不具备聚落的特征。

北方的靠崖窑洞、地坑院、独立窑洞，西南依山而建的干栏式建筑等，都是自然环境决定的建筑形式，皆形成了独特的聚落风貌。自然环境影响聚落的风貌。北方人口稀少，土地资源丰富，且由于天气寒冷需要更多的日照，其庭院设计常常要尽可能多地保证阳光直射入屋，以获得更多的阳光热量。南方土地资源有限，人口众多，气候炎热，聚落房屋密集，巷道狭窄，为避免阳光的直射，住宅庭院往往设计成小而高的空间样式。华南理工大学汤国华教授在《岭南湿热气候与传统建筑》一书中指出，在岭南湿热气候地区，乡村形成的聚落内，巷—天井—住宅形成热压"微气候"，局部的热压风、水陆风、街巷风和传统建筑的敞厅都是人们抵御潮湿、炎热天气的方法。聚落功能随着时间的推移而不断地调整改变，以适应乡村的生活。我国北方的巷子宽，所以在运输的时候多用驴、骡，重物放在其左右；南方由于巷子狭窄，多用人挑，重物放在前后。

除了居住型的聚落，还有商业街市型聚落。古时交通多依赖水路交通，还有一些满足转运需要的驿道，人力运输的交通沿线、定期举行集市的地区往往形成了繁华的聚落，如中国历史上出现的茶马古道，包括陕甘茶马古道、陕康藏茶马古道（蹚古道）、滇藏茶马古道，在路上就形成了很多乡村聚落。军事类型的聚落形式如浙江的永昌堡、贵州的屯堡等，是戍边将士解甲归田定居的聚落，河北蔚县至少有300多座大小不一的军事类型的聚落。当前，乡村城市化和农业工业化是乡村聚落快速消失的根本原因，如不加以保护，我们将会永久失去这些珍贵的文化遗产。

（4）传统地域文化景观

传统文化中包含民风民俗，其集中反映在乡村人的生活风貌之中，是乡村景观中不可忽视的元素。乡村地域传统文化是文明演化而汇集成的一种反映地域特色和风貌的文化，是历史上各种思想文化、观念形态的总体表征。越是偏僻的地方受到的外来干扰越少，地域特色越鲜明。广西南丹县的白裤瑶是瑶族的一个分支，不到3万人，被联合国教科文组织称为"人类文明的活化石"。他们从原始社会形态直接过渡到现代社会形态。

乡村景观会以具体的视觉形象表现地域文化景观。例如，乡村的戏台除了节庆时的娱乐功能，也承载了商业功能，更承载了文化教化功能，那些脍炙人口的剧目是乡村人的精神财富；乡村古井除了用于满足人们的日常生活用水需求，水井周围还成了乡村生活新闻的发布场所，人们在此交流，发表对问题的看法和见解，这里仿佛是一个普通社会事务处理中心；乡村的古树也是重要的文化元素，一般位于村口或村里宽敞的公共空间，树荫下成为乡村社会生活中重要的交流场所，同时，这里也成为乡村和外界相连接的窗口。

1.2 乡村景观的构成和特点

一、乡村景观的基本结构

从形态构成的角度来看，结构是形态在一定条件下的表现形式。形态构成包含了点、线、面三个基本要素。乡村景观结构是乡村景观形态在一定条件下的表现形式。福曼（Forman）和戈登（Godron）认为景观结构是景观组成单元的类型、多样性及其空间关系。他们在观察和比较各种不同景观的基础上，认为组成景观的结构单元有三种：斑块（patch）、廊道（corridor）和基质（matrix）。因此，可以说，基于景观生态学的景观结构把景观单元与设计学的形态构成要素有机地结合在一起。

1. 点——斑块

斑块泛指与周围环境在外貌或性质上不同，并具有一定内部均质性的空间单元。应该强调的是，这种所谓的内部均质性是相对于其周围环境而言的。斑块可以是植物群落、湖泊、草原、农田或居民区等。因此，不同类型斑块的大小、形状、边界以及内部均质程度都会表现出很大的不同。

（1）斑块类型

根据不同的起源和成因，福曼和戈登把常见的景观斑块类型分为以下四种：一是残留斑块（remnant patch），由于受到大面积干扰（如森林或草原大火、大范围的森林砍伐、农业活动和城市化等）所造成的在局部范围内幸存的自然或半自然生态系统或其片断；二是干扰斑块（disturbance patch），由局部性干扰（如树木死亡、小范围火灾等）造成的小面积斑块，与残留斑块在外部形式上似乎有一种反正对应关系；三是环境资源斑块（environmental resource patch），是由于环境资源条件（如土壤类型、水分、养分以及与地形有关的各种因素）在空间分布上的不均匀而造成的斑块；四是人为引入斑块（introduced patch），是由于人们有意或无意地将动植物引入某些地区而形成的局部性生态系统（如农田、种植园、人工林、乡村聚落等）。

（2）斑块大小

斑块的大小对物种数量、类型有较大的影响。一般来说，小斑块有利于物种的初始增长，大斑块的物种增长较慢，但比较持久，而且可维持更多种类的物种生存。因此，斑块的大小与物种多样性有密切的关系。当然，决定斑块物种多样性的另外一个主要因素是人类活动干扰的历史和现状。通常，人类活动干扰较大的斑块，其物种往往比受人类干扰小的斑块少。

（3）斑块形状

一个能满足多种生态功能需求的斑块的理想形状应该包含一个较大的核心区和一些有导流作用以及能与外界发生相互作用的边缘触须和触角。圆形斑块可以最大限度地减少边缘圈的面积，同时最大限度地提高核心区的面积比，使外界的干扰尽可能减少，有利于内部物种的生存，但不利于同外界的交流。

2. 线——廊道

廊道指景观中与相邻两边环境不同的线性或带状结构，道路、河流、农田间的防风林带、输电线路等为其常见的形式。

（1）廊道类型

按照不同的标准，廊道类型有多种分类方法：按廊道的形成原因，可分为人工廊道（如道路、灌溉沟渠等）与自然廊道（如河流、树篱等）；按廊道的功能，可分为河流廊道、物流廊道（道路、铁路）、输水廊道（沟渠）和能流廊道（输电线路）等；按廊道的形态，可分为直线性廊道（网格状分布的道路）与树枝状廊道（具有多级支流的流域系统）；按廊道的宽度，可分为线状廊道与带状廊道。

目前，对廊道的研究多集中在形态划分上，如线状廊道与带状廊道。线状廊道与带状廊道的主要生态学差异完全是由于宽度不同造成的，从而产生了功能的不同。线状廊道宽度狭窄，其主要特征是边缘物种（Edge Species）在廊道内占绝对优势。线状廊道有七种：道路（包括道路边缘）；铁路；堤堰；沟渠；输电线；草本或灌木丛带；树篱。而带状廊道是具有一定宽度的带，其宽度可以形成一个内部环境，有丰富的内部物种出现，多样性明显增强，且每个侧面都存在边缘效应，如具有一定宽度的林带、输电线路和高速公路等。

（2）廊道结构

廊道结构分为独立廊道结构和网络廊道结构。独立廊道结构是指在景观中单独出现，不与其他廊道相接触的廊道；网络廊道结构分为直线型与树枝型两种类型，两种类型的成因和功能差别很大。廊道的重要结构特征包括宽度、组成内容、内部环境、形状、连续性及其与周围斑块或基质的相互关系。

（3）廊道功能

廊道的主要功能可以归纳为下列四类：一是生境，如河边生态系统、植被条带等；二是传输通道，如植物传播体、动物以及其他物质随植被或河流廊道在景观中运动；三是过滤和阻抑作用，如道路、防风林道及其他植被廊道对能量、物质和生物（个体）流在穿越时的阻截作用；四是作为能量、物质和生物的源（source）或汇（sink），如农田中的森林廊道，一方面具有较高的生物量和若干野生动植物种群，为景观中其他组分起到源的作用；另一方面也可阻截和吸收来自周围农田水土流失的养分与其他物质，从而起到汇的作用。

3. 面——基质

基质也称为景观背景、矩质、模地、本底，是指景观中分布范围最广、连接度最高的背景结构，并且在景观功能上起着优势作用的景观结构单元。基质在很大程度上决定着景观的性质，对景观的动态起着主导作用。常见的基质有森林基质、草原基质、农田基质、城市用地基质等。

（1）判断基质的标准

判断基质有三个标准，一是相对面积。景观中某一元素所占的面积明显大于其他元素占有的面积，可以推断这种元素就是基质。一般来说，基质的面积超过现存其他类型景观元素的面积总和，即一种景观元素覆盖了景观50%以上的面积，就可以认为是基质。但如果各景观元素的覆盖面积都低于50%，则要由基质的其他特性来判断。因此，相对面积不是辨认基质的唯一标准，基质的空间分布状况也是重要的特性。二是连通性。有时虽然某一景观元素占有的面积达不到上述标准，但是它构成了单一的连续地域，形成的网络包围其他的景观元素，也可能成为基质。这一特性就是数学上的连通性原理，也就是说一个空间如果没有被与周边相接的边界穿过，它就是完全连通的。因此，当一种景观元素完全连通并包围着其他景观元素时，可以认为这一景观元素是基质。基质比其他任何景观元素连通程度都高，当第一条标准无法判断时，可以根据连通性的高低来判断。三是动态控制。当前面两个标准都无法判定时，则以哪种景观元素对景观动态发展起主导控制作用作为判断基质的标准。

（2）基质的结构特征

基质的结构特征表现在三个方面：孔隙率、边界形状和网络。孔隙率（porosity）是指单位基质面积中斑块的数目，表示景观斑块的密度，与斑块的大小无关。大多数情况下，景观元素之间的边界不是平滑的，而是弯曲的、相互渗透的，因此边界形状（boundary shape）对基质和斑块之间的相互关系是非常重要的。一般来说，具有凹面边界的景观元素更具动态控制能力。具有最小的周长与面积比的形状不利于能量与物质交换，相反，周长与面积比大的形状有利于与周围环境进行大量的能量与物质交换。廊道相互连通形成网络（networks），包围着斑块的网络可以看成基质。当孔隙率高时，网络基质就是廊道网络，如道路、沟渠、树篱等都可以形成网络，其中树篱（包括人工林带）最具代表性。被网络所包围的景观元素的特征，如大小、形状、物种丰度等对网络产生重要影响。网眼的大小是网络重要的特征值，其大小的变化也反映了社会、经济、生态因素的变化。人的干扰和自然条件的影响是形成网络结构特征的两个因素。

二、乡村景观的构成及其特点

对比城市景观，自然和朴素是乡村景观的典型特征，乡村景观表现出稳定、独特、丰富多样的特色。城市景观的基本立足点是满足人们现实生活需要和精神审美的要求，其与该城市的地理位置、经济发展特征有着密不可分的联系。城市景观是物质生活和精神内涵的体现，景观中突出表现人类的智慧。但在很多情况下，人们依然会怀念自然的舒适和轻松，感叹城市生活带来的压力。由于城市景观的人工化严重，人们往往感觉到压抑，向往乡村生活。

国外研究学者 Gy Ruda 等认为，乡村聚落的保护是建设可持续化的乡村生活以及对整个地区进行自然和传统文化复兴的重点所在。同时，他们又提出了乡村聚落保护的四个方面：历史风貌和传统民俗艺术生活的恢复；当地居民的价值观念保护；建筑环境的自然化；保持村庄自身结构与特点。

本书主要从聚落与建筑、乡村传统文化遗产、自然田园风光三个方面来深入剖析乡村景观的构成。

1. 聚落与建筑

聚落（settlement），是指人类在特定的生产力条件下，为了定居而形成的相对集中并具有一定规模的住宅建筑及其空间环境。聚落有城市和乡村两种基本形态。乡村民居建筑是乡村聚落的核心内容，从广义来看，还包括相关的生活生产辅助设施，如谷仓、饲养棚圈、宗族祠堂等。

复兴人文因素和建筑环境是实现乡村可持续发展的重点，其中乡村聚落保护是重中之重。在对乡村聚落的保护中，整个村落的个性与结构和建筑的风貌又是关键所在。乡村聚落具有典型的乡土特征，如西南民族的村寨、江南水乡的徽派建筑群、西北地区的窑洞建筑等。中国传统村落在空间布局与自然环境的选择上遵从"天人合一"的整体营造理念，祖先们通过日积月累得来的经验，建立起一整套乡村建设的知识体系，至今依然对现代人的生活具有指导意义。

例如，充分注意环境的整体性。《黄帝宅经》主张"宅以形势为身体，以泉水为血脉，以土地为皮肉，以草木为毛发，以舍屋为衣服，以门户为冠带"。中国的纬度和气候决定了住宅坐北朝南，我国的住宅多数朝向正南或者南偏东15°~30°，背后靠山，有利于抵挡冬季北来的寒风，面朝流水，能接纳夏日南来的凉风，得到良好的日照。聚落常依山傍水，利于交通出行、生活用水和生产灌溉；农田在住宅的屋前，时刻守护农业生产的安全；缓坡阶地，则可避免淹涝之灾；周围植被葱郁，既可涵养水源，保持水土，又能调节小气候。

乡村聚落区别于城市聚落的主要特征就是建筑材料的选用。我国的南北乡村建筑多以砖木结构为主，在历史发展过程中逐渐形成不同的建筑风格，如福建夯土而建的土楼围屋、厦门的红砖古厝、广州沙湾古镇利用生蚝壳建造的住宅、徽派民居、西南民族的干栏式木楼、山西和陕西的靠崖式窑洞等。

乡村建筑的主要材料是生土、木材、竹和稻草等。尤其是生土建筑，早在5000多年前的仰韶文化时期就已出现。目前还能在一些山村见到生土建筑。建筑利用田里的土夯实而成，生土经过简单的加工后可作为建筑的主材，建筑拆除后又可回填入田地里，材料循环利用。这种生态建筑冬暖夏凉，建造方便，抗震性好，经济实用。随着时代的发展，传统的生土建筑逐渐被看作落后的象征，居民纷纷使用砖和混凝土等作为建筑材料。

混凝土等材料的建筑在乡村中大量出现，废弃后的材料回收比较困难，易造成环境污染。奥地利建筑师马丁·洛奇（Martin Rauch）改良泥土混合物成分，利用冲压技术探索出更多的模板形式，最经典的是他为自己盖的房子 House Rauch。他通过研究对泥土进行不断的压制，形成独石般的整体结构。在整体布局上，建筑与山地浑然一体，和谐自然。在夯土墙面上间隔使用条砖来提高夯土墙体的强度，同时形成挡雨条，减弱雨水的冲刷速度和力度，又在室内尤其是在厨房内使用玻璃来阻挡油污。

汶川地震后，建筑师刘家琨将灾区倒塌的建筑混凝土材料回收后作为骨料，掺和切断的秸秆作纤维，加入水泥等制作成环保材料——再生砖，材料免烧、快捷、便宜、环保，是一个很好的尝试。

2. 乡村传统文化遗产

"百里不同风，千里不同俗"，中国地域广大，不同地区有不同的风俗文化，不同民族也有不同的风俗文化，同一民族因地域不同也表现出风俗的差异，这些不同使乡村文化呈现出丰富多元性。在农耕时代，乡村文化在很长一段时间里都是文化的主体，与城市文化并存于社会文明之中。文化风俗是维系乡村社会结构的重要纽带，维系着乡土生活，并被作为精神寄托。传统的乡村文化包括乡村地方艺术、日常习俗景观、乡村民俗生活和当地地区或民族的价值观念等。乡村传统文化景观的具体表现形式为祠堂、集市、剧场、手工艺、特色农业技艺等。

当前的乡村建设无论从内涵还是形式上都更为丰富和多元，文化的传承与文脉的延续是乡村景观设计的内核，其最终目标是保护当地的传统文化，营造出一个舒适、慢节奏的宜居环境。日本古川町的濑户川地区为保护、展示当地传统的木匠文化、技艺，专门修建了一座木匠文化馆，使当地的木匠产业得以兴起，许多手艺人回到家乡创业，从而保护和传承了家乡的特色文化。

乡村传统文化遗产是中国传统文化重要的组成部分。根据联合国教科文组织的《保护非物质文化遗产公约》中的定义，非物质文化遗产指被各种群体、团体或个人所视为其文化遗产的各种实践、表演、表现形式、知识体系和技能及其相关的工具、实物、工艺品和文化场所。国务院公布第一批国家级非物质文化遗产名录时将非物质文化遗产分为十大类：民间文学、民间音乐、民间舞蹈、传统戏剧、曲艺、杂技与竞技、民间美术、传统手工技艺、传统医药、民俗。中华民族悠久的历史和灿烂的古代文明为我们留下了极其丰富的文化遗产，如陕西凤翔的泥塑、安徽芜湖铁画等民间工艺品，侗族大歌、凤阳花鼓、嘉善田歌、昆曲等民间音乐，天津杨柳青的年画、中国木活字印刷术、黎族传统纺染织绣技艺、梅花篆字等民间美术。正如费孝通所提出的"各美其美，美人之美，美美与共，天下大同"，乡村景观设计师应力求呈现差异化的乡村文化，体现出不同价值的地方文化特色。

乡村传统文化遗产是在中国古代社会形成和发展起来的文化形态，也有流动性，在当前的乡村景观建设中大可以古为今用，取其精华，以发展的眼光去保护和传承。乡村振兴离不开文化的引领，在新的环境下对文化要自主选择，而不是一味地复古或全盘西化。著名学者钱穆说："中国文化是自始至终建筑在农业上面的。"传统文化中丰厚的文化遗产是推动乡村发展的强大动力，文化的认同是乡民凝聚力和创造力的根本。

3. 自然田园风光

乡村广阔田野上斑斓的色彩、美丽的农田、起伏的山岗、蜿蜒的溪流、葱郁的林木和隐约显现的村落，呈现出一片大好的田园风光。长期生活在大城市的人特别向往乡村的田园生活。乡村的自然田园风光是乡村景观中重要的组成元素，正符合海德格尔所定义的人类理想的生存方式——"诗意地栖居"的要求。人们通过乡土生态环境和田园野趣，回归精神上的幸福感受。乡村景观中植物是非常重要的元素，与环境有着密不可分的关系，植物的根能涵养水分、保持水土、稳定坡体。目前，乡村中的植物品种单一，大多随意生长，营造景观时可增加植物品种，以起到点缀的作用。整齐划一的植物能增加景观的统一感，形成震撼的视觉效果。设计时，应因地制宜，培育整合具有地方特色的乡村自然景观，如江西婺源的油菜花田、浙江八都岕的十里古银杏长廊、广西桂林的乌柏滩等。此外，乡村的夜景景观也是非常重要的自然风光。乡村空气纯净，适宜观赏星辰美景。

1.3 乡村景观管理法规与建设

一、国外乡村景观建设管理法规与建设实践

欧美等国家在 20 世纪初就开展了乡村景观规划与设计领域的研究与实践活动，美国、荷兰、法国、德国、英国等国家均设置了完备的管理机构与相应的研究机构，对于乡村景观规划设计基本形成了较系统的理论和方法体系，在乡村和乡村景观的保护与发展方面树立了标杆。在霍华德"田园城市"、道萨迪亚斯"人类聚居学"等理论影响下，欧洲开展现代化乡村建设运动，通过环境整治与基础服务设施建设，改善乡村风貌与生活环境。

荷兰在 20 世纪 20 年代颁布了《乡村土地开发法案》，该法案促使乡村土地从早期的单一注重农业发展向户外休闲、景观保护等功能转变；20 世纪 50 年代，荷兰政府颁布《土地整理法》，明确政府在乡村治理中所遵循的各项职责和乡村发展的基本策略。在此之后通过的《空间规划法》对乡村社会的农地整理进行了详细的规定，明确乡村的每一块土地使用都必须符合法案条文。1949 年英国颁布了《1949 年国家公园与乡村通道法》，内容包括将乡村景观纳入"国家公园"之中，并以立法的形式对特殊的乡村景观和历史名胜予以保护等。由于英国对乡村景观的大力保护，也使得乡村经济有了较快的发展。20 世纪 60、70 年代，英国城市居民开始热衷回归乡村，为此英国颁布实施《英格兰和威尔士乡村保护法》，加大了对乡村田园景观的保护力度，支持建设乡村公园。2000 年，政府出台"英格兰乡村发展计划"，创建有活力和特色的乡村社区，鼓励乡村采取多样化的特色发展模式。德国《土地整理法》制定了对村镇整体规划的具体要求，强调在提高农业生产活动整体效率的同时，对乡村生态自然环境进行有效保护，这项法规对于德国乡村景观环境建设发展起到了巨大的推进作用。随着城镇化的持

续推进，德国乡村景观的特色也出现逐渐丧失等问题。20世纪70年代，德国各州制定并出台了相关的法律和法规，如《自然与环境保护法》等，加强在乡村建设中对乡村景观环境的有效保护。至此，德国乡村景观环境设计和建设工作逐步走上有序发展的轨道，各地区的乡村风貌呈现出丰富的地域特征。在亚洲，韩国于20世纪70年代展开了针对乡村的景观美化行动来加速和完善乡村的建筑与景观环境发展建设，平衡了乡村土地与城市土地之间的矛盾关系，对韩国农村地区的土地保护和人与自然的和谐发展起到了非常积极的作用。日本也在20世纪90年代举办了"美丽的日本乡村景观竞赛"，促进了日本乡村景观的发展。这些法规的颁布和实施对乡村景观的规划和设计起了很大的推动作用。丹麦1992年开始实施的《规划法》明确指出"保证所有的规划在土地利用和配置方面综合社会利益并有利于保护自然和环境，实现包括人居条件、野生动物和植物保护等社会各方面的可持续发展"。与此同时，丹麦政府还设立了一系列空间规划相关法案，在空间规划编制程序方面也十分严谨，既尽可能地保证各方利益，也为规划实施提供了良好的基础。

发达国家相较于发展中国家来说，城镇化起步较早，其乡村景观的设计和规划程度也较高。发达国家在20世纪50年代专门设置了研究机构并开展乡村景观规划与设计实践，形成了完整的理论和方法体系。欧洲国家前期对于乡村景观的研究大多从社会经济的视角展开，探究乡村景观的发展演变，而在20世纪90年代开始转向从土地的综合利用层面来研究欧洲地区关于乡村景观的变化，近年来主要是从实践和空间维度来探讨欧洲各国乡村景观未来的战略发展。伴随着城市化进程的急速推进，位于亚洲地区的日本和韩国，其乡村的各种问题也相继出现。它们充分借鉴发达国家的经验，注重对农业和乡村景观的深入研究与规划设计建设实践，保护乡村建筑环境和特色景观，以此实现乡村的可持续发展。20世纪70年代的日本，兴起了一项振兴乡村的活动造町运动，造町运动对促进日本乡村经济的发展、改善衰败的乡村环境起到了决定性作用，之后的20年间又兴起了"一村一品"和"日本美丽乡村景观竞赛"运动，极大地激发了农民对于乡村景观和土地的热爱及建设，并推动了乡村经济的全面发展。韩国从1970年开始发起"新村运动"，通过修缮住房、绿化道路、改善卫生条件等措施提升农村环境，促使乡村在这场运动中得到发展，乡村经济快速提高，韩国国民经济持续稳定增长，城乡差距缩小。

综上所述，这些国家普遍重视对乡村环境、乡村景观法律法规的制定及在其指导下的建设工作，形成了完整的理论和方法体系，设置了专门的研究机构，为推动农业与乡村景观规划、解决乡村城镇化与传统乡村景观保护之间的冲突起了积极的作用。德国的《土地法》明确了村镇的相关规划要求，有力推动了乡村景观的建设和乡村生态环境的保护，使乡村面貌不断得到改善。法国颁布的《自然保育法》使乡村更新能在完善的法令控制下进行。韩国、日本在城市化高速发展的过程中，借鉴欧洲经验，注重对农业或乡村景观规划与建设的研究，指导乡村传统建筑与景观环境的保护与可持续发展建设。这些经验与建设案例对目前中国的乡村环境建设与可持续发展具有示范和借鉴作用（表1-1）。

表1-1 部分国家乡村景观的政策法规及主要内容

地区	时间	法规文件	主要内容
荷兰	1924年	《土地重划法案》	为促进农业发展，倡导有效地利用土地，极大地改变了乡村地区的景观特征，形成突出农业生产的景观风貌
德国	1950年	《土地整理法》	明确提出扩大农场规模，提高农业劳动生产率，推动乡村景观的建设和乡村生态环境的改善等相关规划要求
德国	1974年	《德国乡村景观的发展》	阐述了乡村景观中人与环境和人与文化之间的关系，这对未来乡村景观建设具有重要的实践指导作用
英国	1947年	《城乡规划法》	制定了规划法的全新原则，确定了土地开发许可制度，中央土地委员会负责收取开发费用，这意味着私有土地开发权的国有化
英国	1949年	《1949年国家公园与乡村通道法》	将乡村景观纳入"国家公园"之中，并以立法的形式对特殊的乡村景观和历史名胜予以保护
日本	1957年	《自然公园法》	对生态保护提出了法规要求
日本	1987年	《村落地区政治建设法》	以法规形式促进乡村发展与建设管理
加拿大	1998年	《加拿大农村协作伙伴计划》	加强对农村基础设施建设、公共事务治理以及村民就业与教育等问题的解决力度。提出以协作伙伴关系的方式，提升乡村生活的活力，推动乡村建设发展
欧盟	2000年	《欧洲景观公约》	以自然因素、人为因素及相互作用结果为特征的条约，对推动生态保护发挥了重要作用
巴西	2000年	《自然保护区系统法令》	明确国家公园的管理制度，合理利用保护区的自然资源，考虑当地传统群体的条件和需要
美国	1964年	《野地法案》	强调乡村景观的重要性，制定了保护乡村景观的法令
美国	1969年	《国家环境政策法》	确立了国家环境保护目标，实现了利用环境资源利益的最大化

针对古村落的研究，发达国家从不同的研究领域展开，渐呈多元化发展趋势。西方在旅游发展视角下注重探索乡村传统文化的原真性，思考传统文化在经济发展中的社会影响和关系；在社会学视角下研讨社区参与的重要性；在生态视角下注重在保护传统文化的同时走可持续发展道路；在管理视角下探讨政府参与程度范围与古村落良性发展的关系等。

欧美等发达国家对于建筑遗产的保护不仅得到政府部门的重视，更有来自社会的普遍关注。19世纪前半叶多数欧洲国家相继成立了专业机构和出台相关法律法规，培养专家与技工，开展建筑遗产保护的实施工作。近些年来，随着相关学术研究的深入，各国普遍认为建筑遗产涵盖的内容不应只局限于具有历史价值、艺术价值、科学价值、纪念意义和文化认同作用的著名宗教建筑、公共建筑及其他古文化遗址范围内，还应包括代表各种历史风格的建筑群、乡土建筑等更为广泛的内容（表1-2）。

表1-2 部分国家关于乡土建筑遗产保护的相关政策法规

时间	政策法规	主要内容
1975年	《关于历史性小城镇保护的国际研讨会决议》	强调了对乡土建筑和历史环境保护的重要性，指出遗产保护领域内的乡土建筑要进行整体保护
1979年	《巴拉宪章》	界定了改造和再利用的概念，强调"对某一场所进行调整时要容纳新功能"
1982年	《关于小聚落再生的宣言》	对如何保护历史村落的文化遗产提出措施和建议。认为乡村聚落和小城镇的建筑遗产及环境是不可再生的资源
1999年	《关于乡土建筑遗产的宪章》	认为乡土性的保护要通过维持和保存有典型特征的建筑群、村落来实现。乡土建筑、建筑群和村落的保护应尊重文化价值和传统特色

在乡村风貌和传统民居建筑保护方面，国外针对历史文化村镇保护与发展的研究进程比我国要早，相关的理论与保护实践已较成熟。整体的发展历程经历萌芽、提出、发展、完善四个阶段。法国在早期的《风景名胜地保护法》中已将村落作为重点保护对象。随后在《国际古迹保护与修复宪章》中明确指出乡村环境在文化古迹保护中的重要性。联合国教科文组织和国际古迹遗址理事会在《内罗毕建议》中指出了乡村环境保护中所要保护的对象和具体内容。20世纪80年代后期，国际古迹遗址理事会针对乡村聚落和城镇小聚落的内容进行了具体的阐述。通过对各国历史聚落的保护研究、实践成果的总结，美国制定了针对历史环境保护的《华盛顿宪章》。在众多开展历史城镇、古村落保护的国家中，美国、英国、法国、日本等国家目前在国家保护措施和政策方面较成熟，从建立遗产登录制度、相关保护协会的成立到资金保障的提出，各方面工作全面而具体。20世纪80年代，美国为保护小城镇中的历史聚落成立"国家主要街道中心"。法国政府规定和划定的历史保护区和景观遗产保护区中大部分的区域分布在村镇中。日本通过颁布相应的保护法规对历史文化村镇的保护起到行之有效的作用。

1964年5月，在威尼斯通过的《保护文物建设及历史地段的国际宪章》（又称《威尼斯宪章》）中指出，"历史古迹不仅包括单个建筑物，而且包括能从中找出一种独特的文明、一种有意义的发展或一个历史事件见证的城市或乡村环境"，其中"乡村环境"概念的提出引发国外学者开始关注历史文化村镇的保护，同时"较为朴实的艺术品"的提出则使更多的学者将保护的目光投向了乡土建筑遗产。1987 年 10 月在华盛顿通过的《保护历史城镇与城区宪章》（又称《华盛顿宪章》），主要目的是保护历史城镇和其他历史城区，其中首次提出了保护规划的概念，要求将其列入各级城市和地区规划。1994 年到 2007 年，相继出台了《关于原真性的奈良文件》《保护乡土建筑遗产的宪章》《欧洲风景公约》《关于解释文化遗产地的宪章》《保护历史城市景观宣言》和《北京文件——关于东亚地区文物建筑保护与修复》等文件和公约，明确了乡土建筑的保护和修复不仅需要社区、政府、规划师、建筑师和众多学科专家的共同关注，更要综合考虑文化多样性、景观完整性以及与可持续发展之间的关系，才能在这一过程中关注并实现文化遗产的原真性（表 1–3）。

表 1–3 部分国家或国际性组织传统村落与文化遗产保护相关法规

时间	国家 / 国际性组织	法规	主要内容
20 世纪 30 年代	希腊	《雅典宪章》	强调古文物建筑保护相关问题，要求在城市发展过程中应注意保护名胜古迹及古建筑
1935 年	美国	《罗伊里奇协定》	明确了要保护任何处境危险的、国家的和私人所有的不可移动纪念物
1954 年	荷兰	《武装冲突下文化财产保护公约》	探讨了如何在国际武装冲突的背景下保护和尊重文化遗产
20 世纪 60 年代	意大利	《威尼斯宪章》	保护历史遗迹的"原真性"，并且强调保护历史文物的美学价值
1972 年	法国	《保护世界文化和自然遗产公约》	公约制定了文化和自然遗产的保护措施及条款，以便突出历史文物保护的普遍性和永久性
1987 年	美国	《保护历史城镇与城区宪章》	宪章中明确了保护历史城镇和城区的原则、目标和方法，促进私人生活与社会生活的协调发展
1994 年	国际古遗址理事会	《关于原真性的奈良文件》	重新定义了文化遗产保护的"原真性"原则，将保护的范围扩展到非物质的层面
1999 年	墨西哥	《保护乡土建筑遗产的宪章》	特别指出乡土文化遗产保护工作必须有多方面的监督、组织和规划同步进行
2000 年	欧洲	《欧洲风景公约》	将"普通"景观与"特殊"景观同等对待，强调了自然或人文价值景观同等重要
2004 年	国际古迹遗址理事会	《关于解释文化遗产地的宪章》	特别关注了文化遗产的保护要保证其完整性和原真性
2005 年	联合国教科文组织	《保护历史城市景观宣言》	明确了历史文化景观和城市可持续发展之间的联动性
2007 年	中国	《北京文件——关于东亚地区文物建筑保护与修复》	强调了文物建筑的保护和修复手段应该具备多样性

实践研究方面，目前国外有很多在古村镇文化遗产保护和传承上值得借鉴的优秀案例。如日本岐埠县白川乡的合掌村，英国的约克小镇、斯特拉福德小镇，匈牙利的鸦石村等具有深厚历史文化的古村落。这些村落延续了各自的历史文化背景，并相应地提出了具有针对性的传统文化保护手段，开发传统文化资源，将乡村旅游景观与农业发展相结合，并与相关企业联合建立自然环境保护基地，使得当地文化得到了很好的传承。这些案例都对我国正在进行的传统村落保护与发展建设工作具有良好的启示作用（表1-4）。

表1-4 部分国家传统村落实践研究

名称	国家	主要特色
穿越大草原生态村	美国	将美学上的享受和实用性相结合，改造对土地的利用，希望居住在这块土地上的人们可以享受到美丽的乡村景观
斯特拉福德小镇	英国	最大限度地保护历史遗产的同时不完全排斥现代建筑与生活方式的介入，划定核心保护范围，采用类似"空间镶嵌"的发展模式进行乡村旅游开发
约克小镇	英国	在文化遗产保护和利用上，建立多方面的合作联动机制，发挥政府、民间团体和民众的共同作用，注重历史遗存与时代发展的有机结合，约克小镇是古镇保护的典范
海伊小镇	英国	小镇有着明确的保护区范围，规划局和当地居民都有责任保护好原有的历史风貌和建筑特色，以防止在发展过程中遭到破坏
水上伯顿小镇	英国	绝大部分村落都保留了较为完整的格局，建筑结合环境进行整体保护，建筑色调有着和谐统一的基调，建筑形态保留着丰富的细节变化
霍拉肖维采古村落	捷克	完整地保留了18~19世纪以来的本土建筑风貌，尤其对建筑群及乡村环境氛围特色进行了完整保护，是乡村环境整体性保护的典范
荷兰风车村	荷兰	保持原住居民生活的开放式乡村博物馆，是保护被工业文明破坏了的村落文化记忆和体现生活多样性的典型范例
蒙克斯戈德生态村	丹麦	运用生态设计方法，实现水及废弃物的循环利用、绿色节能交通模式、有机建筑材料的使用、社区社会交往的加强和社区管理的公众参与等
莱尔古村落	丹麦	乡村建设中强调将现代居民住宅、农场及保留的古迹做到浑然一体，突出了历史与现代的完美融合
韦亚恩乡村	德国	梳理了村庄整体环境的脉络，对耕地、历史建筑保护区建设进行统一规划，并在建设中全面保护传统村落的景观风貌
鸦石村	匈牙利	村庄首批被列入世界文化遗产名录，将文化遗产进行分级，进行活态保护，提高开发价值，促进当地经济发展
英格堡小镇	瑞士	塑造具有自然属性的特色景观，并有效地融入居民活动的场所；合理地运用、保护原生态的景观元素，优化人居环境品质
明治村	日本	整个村庄是一座品味明治时代文化与生活的户外博物馆，保持了本民族的特色，将外来文化融化在本地风俗中；保护被工业文明破坏了的村落的文化记忆和多样性
足助乡	日本	修复自然农田景观，保护更新传统老街，发展民间手工艺，创建民艺博物馆等，注重保护利用乡村自然和人文景观资源发展乡村旅游产业

名称	国家	主要特色
富良野村	日本	以农企合作模式种植和经营花卉和蔬果,挖掘本地农耕资源开发旅游项目,以此发展乡土旅游经济
合掌村	日本	保护乡村的历史文化风貌,自发形成了村落保护协会并制定保护原则,以此进行景观规划设计,使之成为展现当地风貌的民俗博物馆式的乡村
古川町小镇	日本	提出了社区营造的理念,居民成为景观环境的营造主体,参与到整个保护发展的行动中来,提升了乡村的个性与特色,成为著名的历史文化古村落保护的典范

二、中国乡村景观建设管理法规与建设实践

中国快速发展的城市化进程为城镇发展带来了繁荣,乡村逐渐成为城市居民旅游休闲的目的地。"美丽乡村"建设进一步推动了乡村生态文明和新农村建设,为全面建设宜居、宜业、宜游的新时代乡村奠定了基础,使乡村逐渐走进人们的视野,乡村旅游成为发展乡村经济的重要支柱产业。乡村景观环境建设是发展乡村旅游产业和提升乡村居民生活环境品质的重要方面,也是加快城乡一体化进程的重要组成部分。近年来我国相继出台一系列政策和法规促进乡村景观设计和建设发展工作(表 1-5)。

表 1-5 国内景观规划与管理相关政策法规

时间	政策法规	主要内容
1989 年	《中华人民共和国环境保护法》	提出城乡建设应当结合当地自然环境的特点,保护植被、水域和自然景观,提高农村环境保护公共服务水平,推动农村环境综合整治
2006 年	《风景名胜区管理暂行条例》	景区及外围保护地带内的各项建设,要与景观相协调,不得有建设性地破坏景观、污染环境、妨碍游览设施等现象
2007 年	《中华人民共和国城乡规划法》	提出城乡规划应当遵循城乡统筹、合理布局、先规划后建设的原则,合理利用资源,改善生态环境
2015 年	《关于落实发展新理念加快农业现代化实现全面小康目标的若干意见》	提出加强乡村生态环境和文化遗存保护,发展具有历史记忆、地域特点、民族风情的特色小镇,建设一村一品、一村一景、一村一韵的魅力村庄和宜游宜养的森林景区
2016 年	《关于组织开展国家现代农业庄园创建工作的通知》	明确提出国家现代农业庄园应具有优质的、可供休闲度假的特色自然或人文资源,基本功能齐全,基础设施完善、先进实用,各种设施的安全与卫生符合相应的国家标准
2016 年	《关于推进农村一二三产业融合发展的指导意见》	提出积极发展多种形式的农家乐,提升管理水平和服务质量,加强农村传统文化保护,合理开发农业文化遗产,建设一批具有历史、地域、民族特点的特色旅游村镇和乡村旅游示范村

我国对于乡村景观建设管理法规方面的建设工作是在历史文化遗产保护的体系下演变和发展的，初期多以"古镇""古村落""传统村镇"及"传统聚落"等名称提出保护与建设要求。在20世纪90年代开始逐步完善了建设和管理体系，乡村发展建设问题受到学术界的重视。直到2002年《中华人民共和国文物保护法》的出台，正式提出"历史文化村镇"的概念。具体相关的法规政策的提出和发展历程如表1-6所示。

表1-6 国内历史文化遗产保护相关政策法规

时间	政策法规	主要内容
1961年	《文物保护管理暂行条例》	提出国家保护文物的范围，公布首批全国重点文物保护单位，制定了文物保护管理制度
1963年	《文物保护单位保护管理暂行办法》	明确文物保护单位要进行的工作和文物保护范围为安全保护区，开始重视整体环境保护
1963年	《革命纪念建筑、历史纪念建筑、古建筑、石窟寺修缮暂行管理办法》	对革命纪念建筑、历史纪念建筑、古建筑、石窟寺的修缮工程进行分类，按照实际情况对建筑物进行修缮
1964年	《古遗址、古墓葬调查、发掘暂行管理办法》	提出对古遗址、古墓葬进行调查、挖掘，以及对出土文物和标本等的处置做出了具体规定
1982年	《中华人民共和国文物保护法》	中国第一部文物保护法颁布，提出国家保护文物的范围以及针对不同类型历史文物保护工作的具体措施
2000年	《中国文物古迹保护准则》	界定了文物古迹的定义、保护的宗旨及文物古迹价值的内涵，对现有保护理论观念进行了阐述
2003年	《中华人民共和国文物保护法实施条例》	明确文物保护单位的事业性收入用途范围，制定文物保护的科学技术研究规划和有效措施
2005年	《国务院关于加强文化遗产保护的通知》	充分认识保护文化遗产的重要性和紧迫性，将非物质文化遗产纳入我国文化遗产保护体系
2011年	《中华人民共和国非物质文化遗产法》	强调对属于非物质文化遗产的保护要注重真实性、整体性和传承性

中国在乡村景观建设领域的系统性发展始于20世纪80年代，自1978年中央出台了《关于加快农业发展若干问题的决定（草案）》以来，我国逐渐开始对"三农"问题高度关注，强调了我国在社会主义现代化初级阶段"三农"问题所占有的重要地位。我国乡村研究从无到有，迅速发展，取得了丰硕成果，整体水平处于起步阶段。为了改善城市和乡村发展的失衡问题，促进中国乡村的良性发展，国家明确提出了统筹城乡经济社会发展的战略思路，合理统筹城乡发展，将城市和乡村有机结合，统一协调，全面考虑，促进共同进步。国家大力完善城镇化的健康发展体系机制，坚持走具有中国特色的新型城镇化道路，推进以人为核心的城镇化，协调推动城市和农村共同发展，城镇融合发展以产业为支撑，并

以此推动新型城镇化和新农村建设的协调发展。《国家新型城镇化规划（2014—2020年）》强调要坚持按照自然规律和城乡空间发展差异化原则，科学规划县域及村镇体系，合理统筹安排农村基础设施建设及社会主义事业发展，建设乡村美好幸福生活家园（表1-7）。

表1-7 国内有关乡村发展的政策法规标准及主要内容

时间	政策法规标准	主要内容
1979年	《中共中央关于加快农业发展若干问题的决定（草案）》	该决定统一了对我国农业问题的认识，提出发展农业生产力的具体政策和措施，以及明确实现农业现代化的部署
1986年	《中华人民共和国土地管理法》	明确了土地的所有权和使用权，提出了土地利用的整体规划要求，加强了土地管理，坚持土地公有制不动摇
1987年	《村民委员会组织法》	全面规定了基层自治组织与村规民约的关系，提出村民委员会是村民自我管理、自我教育、自我服务的基层群众性自治组织，促进了社会主义新农村建设
2002年	《中华人民共和国农村土地承包法》	提出国家实行农村土地承包经营制度，赋予农民长期而有保障的土地使用权，维护农村土地承包当事人的合法权益，并规定了发包方的权利和义务
2004年	中央"一号文件"	表明了国家对"三农"工作的高度关注，强调了"三农"问题在中国社会主义现代化时期"重中之重"的地位。明确提出发展方向、目标和要求
2012年	《少数民族特色村寨保护与发展规划纲要》	提出了关于少数民族特色村寨保护和发展的指导思想、基本原则、扶持对象和发展目标，并把民族团结的内容纳入村规民约、文明家庭和文明村民评选标准
2015年	《关于加大改革创新力度加快农业现代化建设的若干意见》	指出要加快完善农业农村法律体系，运用法治思维和方式做好"三农"工作。同时结合实际，发挥乡规民约的积极作用，把法治建设和道德建设紧密结合起来
2018年	《美丽乡村建设评价》	明确提出了美丽乡村建设评价的基本要求和评价指标以及评价程序，为我国美丽乡村建设评价做出了具体的规范，使乡村建设有了明确的目标

我国传统村落保护的制度从20世纪80年代颁布的《中华人民共和国文物保护法》开始，其后出台了诸如《第一批历史文化名镇（村）评选办法》《中华人民共和国城乡规划法》《中华人民共和国非物质文化遗产法》《传统村落评价认定指标体系（试行）》等一系列法律法规政策，这也意味着我国不仅越来越重视传统村落的保护力度，而且对传统村落的保护范围也在逐步扩展（表1-8）。

表 1-8 国内传统村落保护相关政策法规

时间	政策法规	主要内容
1982 年	《中华人民共和国文物保护法》	加强对文物的保护，继承中华民族优秀的历史文化遗产，明确保护的内容、原则、要求与责任
1986 年	《国务院批转建设部、文化部关于公布第二批国家历史文化名城名单报告的通知》	首次提出对一些文物古迹比较集中或能较完整地体现出某一历史时期的传统风貌和地方民族特色的镇、村寨进行保护
2002 年	《关于全国历史文化名镇（名村）申报评选工作的通知》	为更好地保护、继承和发扬我国优秀历史文化建筑遗产，弘扬民族传统和地方特色，提出了在全国分批次对历史文化名镇（名村）进行评选
2007 年	《中华人民共和国城乡规划法》	制定了实施城乡规划和规划实施的原则，强调加强城乡规划管理，协调城乡空间布局，改善人居环境，促进城乡经济社会全面协调可持续发展
2008 年	《历史文化名城名镇名村保护条例》	加强对历史文化名城、名镇、名村的保护与管理。制定了历史文化名城、名镇、名村的申报、审批、规划、保护条例，使历史文化名镇（名村）的保护形成一套完整的体系
2009 年	《关于开展全国特色景观旅游名镇（村）师范工作的通知》	提出了发展村镇旅游，保护和利用村镇特色景观资源，推进新农村建设的指导思想，制定了总体工作安排以及名镇申报程序等条例。从旅游的角度来全面促进名镇（村）的保护和发展
2012 年	《关于开展传统村落调查的通知》	提出对形成较早、拥有较丰富的传统资源，具有一定历史、文化、科学、艺术、社会、经济价值的传统村落应予以保护，并制定了符合调查的具体条件
2013 年	《中共中央、国务院关于加快发展现代农业，进一步增强农村发展活力的若干意见》	针对具有历史文化价值的传统村落进一步解放和发展农村社会生产力，对巩固和发展农村大好形势制定了专项规划措施
2014 年	《关于切实加强中国传统村落保护的指导意见》	在传统村落保护工作中，禁止盲目建设，过度开发，具体提出了指导思想、基本原则、主要目标及任务要求等

20 世纪 80 年代末，保护传统村落成为实现中国社会全面发展的重要工作内容之一。国家全面展开传统村落保护工作，将村落中的重要历史古建筑群列为全国重点文物保护单位进行重点保护。2000 年，皖南地区古村落西递和宏村分别申报并成功列入世界文化遗产名录；2002 年，《中华人民共和国文物保护法》明确提出要对"保存文物特别丰富并且具有重大历史价值或者革命纪念意义的城镇、街道、村庄"进行保护，让传统聚落的保护工作首次有法可依；2003 年，国家公布了第一批"中国历史文化名镇（村）"名录，使我国"名城、名镇、名村"的梯级保护制度初步形成。在乡村景观保护发展中，强调对乡村文化乡土性、原真性及多样性的保护，强调传统村落保护和可持续发展对社会发展进程的重要意义和作用。关注传统村落在现代社会中的可持续发展问题，挖掘和发挥传统农耕

文化的经济价值作用是推动乡村生存发展的根本出路。

在乡村景观保护和发展建设实践方面，我国有一些村镇已经率先进行了探索和实验，并取得了较好的影响和效果，为我国村镇的发展建设树立了样板（表1-9）。

表1-9 国内传统古村落保护与发展建设相关实践研究案例

村落名称	地点	主要内容
琉璃渠村	北京市	入选北京首批市级传统村落名录和第三批中国历史文化名村，素有"琉璃之乡"的美誉。村内有保存完整的明清时期古建筑等丰富的历史文化资源，发展乡村休闲旅游产业，打造成具有传统文化特色的休闲度假村庄
皇城村	山西省晋城市	充分利用传统文化遗产优势，整体规划乡村发展。1998年开始打造"皇城相府"旅游品牌，发展乡村旅游和休闲农业，盘活已有文物资源，推动旅游产业化。先后获国家5A级景区、中国历史文化名村、中国传统村落等称号
袁家村	陕西省咸阳市	2007年村集体投入资金，建立一座占地约73333平方米，集娱乐、观光、休闲、餐饮于一体的关中印象体验地，主要旅游点有村史博物馆、唐保宁寺和40户农家乐等。被誉为"陕西的丽江"，被评为国家4A级旅游景区
小店河村	河南省卫辉市	整个村落为清代民居建筑群所构成，受到整体保护，是研究清代民居建筑文化和民俗文化的宝贵资源。2000年被河南省人民政府认定为重点文物保护单位。该村是中国首批传统村落，豫北地区规模最大和原有风貌最完整的清代民居建筑群
雄村	安徽省黄山市	借助自然优势与雄厚的历史文化资源，在尊重历史文化的基础上，大力保护历史文化遗迹，成为一座以教育发达、人才辈出著称的全国历史文化古村落
宏村	安徽省黄山市	最具代表性的皖南徽派民居村落，现有完好保存的明清民居建筑群，被誉为"画中的村庄"。被列入世界文化遗产名录，是国家级历史文化村、5A级景区
西递村	安徽省黄山市	最具代表性和古民居特色的乡村旅游景点，现有的明清建筑是中国徽派建筑的典型代表。被列入世界文化遗产名录，是国家级历史文化村、5A级景区、全国旅游标准化示范单位
塔川村	安徽省黄山市	利用自然优势，开发旅游资源，其中木坑竹海因获得国际金奖的摄影作品《翠竹堆青》及荣获奥斯卡奖的华语巨片《卧虎藏龙》而蜚声海内外，打造具有民俗特色的美丽乡村
唐模村	安徽省黄山市	村庄文化底蕴十分浓厚，拥有独特的人文特色和古园林特色景观，注重开发和保护历史文化资源，被游人誉为"中国水口园林第一村"
呈坎村	安徽省黄山市	注重综合开发和保护村庄乡土遗产。村内古建筑群被列为国家级文物修缮样板工程及传统村落整体保护利用综合试点项目，呈坎村被称为美丽的自然风光与徽派文化艺术结合的典范

村落名称	地点	主要内容
诸葛村	浙江省金华市	由陈志华教授率团队为诸葛村制定了全国第一个古村落保护规划，并制定了恢复上塘原貌的修复计划。经过保护性的开发建设，在1996年被列为全国重点文物保护单位，全国首批特色旅游名村
苍坡村	浙江省温州市	具有千年历史的苍坡古村是楠溪江畔的著名古村落之一，保留着耕读文化的古老遗存。村庄独特的古村人文风光得到较好的保护，成为中国古村落旅游产品中的经典
黄林村	浙江省瑞安市	当地拥有古建筑最多、保存最完整的村庄之一。以清代民居古建筑为主的综合文化体系，兼具古建筑村落、自然生态村落和民俗特色村落的特色
乌镇	浙江省嘉兴市	保护开发从整体规划到局部细节控制都保持了江南水乡特有的风貌，运用从重点保护区域开始慢慢辐射到周边区域的开发形式，带动整个历史街区传统文化资源的保护和发展
文村	浙江省杭州市	由普利策建筑奖获得者王澍主持设计的农居群落，从规划设计到改造建设，整整花了三年。该村庄用更加符合中国传统营造的方式进行更新设计与建设，形成了传统与现代融合的乡村新风貌
马岭脚村	浙江省金华市	由吴国平团队历时三年打造的极具中国传统特色的古村落更新改造项目，对拥有悠久历史的老宅群运用传统与现代相结合的方法，经过传统与现代设计元素的有机结合，呈现出现代酒店的奢华和乡村传统桃花源般的隐逸效果
东梓关村	浙江省杭州市	绿城设计团队对该村的更新改造运用了现代设计的手法，将江南建筑的诗情画意特征有机地结合在新建筑的营造中。经过两年时间设计和建造形成了新杭派民居的特色乡村
半山村	浙江省台州市	由浙江工业大学小城镇协同创新中心进行全方位规划、设计与指导营建，兼具保护与更新相结合的中国传统村落，保持了生态自然与人文传统风貌，同时进行了现代设计理念和生活方式的融入，使乡村保护性的改造建设体现出传统与现代结合的特色
嵩口镇	福建省福州市	利用地域文化资源优势，保存相对完整的历史遗迹和非物质文化遗产，以传统建筑和传统手工艺创建地域文化品牌，打造历史文化名镇
培田村	福建省龙岩市	村中居民建筑呈现出精湛的技艺，是客家建筑文化的经典之作，人称"福建民居第一村""中国南方庄园"，有"民间故宫"之美誉。由于较好地保护了这些文化遗产，荣获"中国历史文化名镇（村）"的称号
洪坑村	福建省宁德市	有着丰富的历史人文资源，现有明、清时代建造的规模较大的土楼，其中振成楼、福裕楼、奎聚楼于2001年5月被国务院公布为全国重点文物保护单位，成为发展乡村旅游的重要观光景点
田螺坑村	福建省漳州市	科学规划乡村发展，利用历史人文资源，保护传统民居建筑和传统民俗取得成效，2001年5月被列入国家重点文物保护单位。2003年被国家建设部授予第一批"中国历史文化名村"称号

村落名称	地点	主要内容
寺登村	云南省大理市	"茶马古道"上的千年古村落，保留有传统的山乡古集风貌。由中国和瑞士有关机构联合实施对村内濒危建筑遗产进行抢救性保护和修复，共同完成了对该村的复兴工程。寺登被授予第一批"中国传统村落"和"中国美丽休闲乡村"称号
鹏城村	广东省深圳市	历史悠久，人文荟萃。历史环境保护较好，文物古迹众多。当地政府对村庄进行科学规划，保护和发展并进，大力发展乡村旅游产业。2001年被国务院公布为重点文物保护单位，2003年被评为"第一批中国历史文化名村"
南社村	广东省东莞市	村内现保存大量相对完整的明清时期古建筑，是乡村发展的历史见证，也是发展乡村特色旅游文化产业的载体资源。该村荣获"全国重点文物保护单位""中国历史文化名村""广东最美丽乡村"等称号

　　我国乡村旅游最早始于20世纪50年代，1987年《成都日报》报道了成都郫县友爱村徐家大院徐纪元接待了首批来自成都市的游客，并把这种乡村旅游形式以"农家乐"来命名，标志着我国现代意义上乡村旅游的正式开端。我国乡村旅游分为四个发展阶段，即20世纪80年代至1997年的初期发展阶段，1998年至2005年政府推动下的快速发展阶段，2005年底至2012年的规范化发展阶段和2013年至目前资本推动的高速发展阶段。我国关于乡村旅游的相关研究起始于20世纪90年代初期，研究内容以介绍国外的乡村旅游发展为主，到90年代末期，对乡村旅游内容的研究开始涉及管理、产品、营销和规划等诸多方面，在这一阶段对乡村旅游发展的现状、存在的问题和应对策略等方面进行了初步总结。进入21世纪后乡村发展受到广泛的关注，对乡村旅游的研究开始逐渐增多。

　　中国各地的乡村旅游由于起步时间不同，地域性资源不同，以及在社会、经济发展水平等方面也有所不同，乡村旅游的发展呈现不均衡的态势。随着我国城镇化进程速度加快，城市人口增长，乡村旅游的市场需求越来越强劲。因此，我国乡村旅游在今后相当长的一段时期内仍将保持全面快速发展的局面。随着乡村旅游逐渐呈现出全域化、特色化、精品化的特点，新产品、新业态、新模式层出不穷。乡村旅游传统业态正逐渐向新业态转变，呈现出多样化、精品化、特色化、可持续化等特点。乡村建设离不开国家政策的扶持与规范，自2004年以来，中央一号文件多次关注"三农"问题。在利用乡村自然与人文资源发展乡村旅游产业方面，2016年颁布的中央一号文件中首次明确提出"大力发展休闲农业和乡村旅游"，这标志着发展乡村旅游已经上升到国家战略层面。鼓励乡村旅游发展的政策和法规已陆续颁布，对发展乡村旅游产业起到巨大的推动作用，我国乡村旅游发展的黄金期已经到来（表1-10）。

表 1-10 近年来我国发展乡村旅游的相关政策法规

时间	政策法规	主要内容
2013 年	《中共中央、国务院关于加快发展现代农业进一步增强农村发展活力的若干意见》	创造良好的政策与法律环境，采取奖励等多种措施，扶持联户经营、专业大户、家庭农场。加大专业大户、家庭农场经营者培训力度，提高他们的经营管理能力
2013 年	《国民旅游休闲纲要》	鼓励开展城市周边乡村度假，积极发展自行车旅游、体育健身旅游、自驾车旅游、医疗养生旅游、温泉冰雪旅游、游轮游艇旅游等旅游休闲产品，弘扬优秀传统文化
2013 年	《农业部国家旅游局关于继续开展全国休闲农业与乡村旅游示范县、示范点创建活动的通知》	坚持"农旅结合、以农促旅、以旅强农"方针，创新机制、强化服务、规范管理、培育品牌，形成"政府引导、社会参与、农民主体、市场运作"的乡村旅游和休闲农业的发展新格局，推动我国休闲农业与乡村旅游的健康发展
2014 年	《国务院关于促进旅游业改革发展的若干意见》	依托当地区域条件、资源特色和市场需求，挖掘文化内涵，发挥生态优势，突出乡村特点，开发一批形式多样、特色鲜明的乡村旅游产品
2015 年	《中共中央、国务院关于落实发展新理念加快农业现代化实现全面小康目标的若干意见》	首次明确提出"大力发展休闲农业和乡村旅游"，完善农业产业链与农民的利益联结机制，着力构建现代农业产业体系、生产体系、经营体系，促进农村第一、第二、第三产业深度融合发展
2016 年	《关于深入推进农业供给侧结构性改革加快培育农业农村发展新动能的若干意见》	准确把握目前新阶段下农业的主要矛盾及矛盾的主要方面，积极顺应新形式新要求，调整工作重心，壮大新产业、新业态，拓展农业产业链、价值链，强调要大力发展乡村休闲旅游产业

我国落实乡土建筑的保护工作只有短短几十年的时间，对乡土建筑的保护经历了由点及面的过程，从最初只关注建筑单体扩大到乡村聚落，从单纯地关注建筑形式扩展到功能内涵、聚落形态等。但关于乡土建筑环境更新的学术研究和理论实践还处于相对滞后的状态。20 世纪 80 年代我国第三批全国重点文物保护单位名单中，首次出现了乡土建筑。到第四批全国重点文物保护单位名单中，出现了一些传统乡村聚落，其后，价值极高的乡土建筑不断涌现在第五批、第六批的文物保护单位名单中，体现出我国对乡土建筑保护的高度重视。20 世纪 90 年代以前，我国对列入文物保护单位的乡土建筑采取单一的保护形式，一般采取博物馆式的保护模式，但随着认识的提高、研究的深入，对乡土建筑的研究视角也从局部转向整体，不再局限于建筑本身，开始关注对乡村聚落整体环境的保护和再利用。

针对乡土建筑景观环境保护与更新的研究可追溯到 20 世纪 30 年代，营造学社开始对西南地区传统民居进行调查，这标志着我国针对乡土建筑的研究正式开始。乡土建筑的系统性研究始于以刘志平先生和刘敦桢先生为领军人物的对川、滇等地传统民居进行的科研工作。1944 年，梁思成先生编写的《中国建筑史》一书中也用分区研究的方法对传统民居进行了梳理。20 世纪 50 年代刘敦桢先生所著的《中国住宅概说》一书中，论述了我国传统民居的发展历程，罗列了主要的民居类型。20 世纪 60 年代，国内学者开展了全国范围内的传统民居调查，内容涵盖民居结构、形制以及装饰艺术等，对乡土民居进行了较为系统的梳理。到了 20 世纪 80 年代，各大高校建筑专业的师生对我国乡土建筑开展了一系列实地调研工作，有效地推进了我国乡土建筑的研究与保护工作，使更多的人逐渐认识到乡土建筑存在的重要性，也逐渐关注乡土建筑物质载体外的乡土文化内涵、人文社会环境以及建筑与自然历史环境的关系等方面内容。到了 20 世纪 90 年代，研究范围由建筑单体扩大到一个区域，标志着乡土建筑研究提升至新的阶段。2005 年 12 月，《国务院关于加强乡土建筑保护的通知》第一次将乡土建筑遗产保护纳入国家政府保护范围，第一次将乡土建筑遗产纳入全国普查工作中。2008 年国务院实施了《历史文化名城名镇名村保护条例》，把历史文化村镇和乡土建筑遗产的保护管理纳入法制轨道（表 1-11）。

表 1-11 我国关于乡土建筑遗产保护的相关政策法规

时间	政策法规	主要内容
2005 年	《关于加强文化遗产保护的通知》	明确提出把保护优秀的乡土建筑等文化遗产作为乡镇发展战略的重要内容
2005 年	《中共中央、国务院关于推进社会主义新农村建设的若干意见》	进一步提出要保护有历史文化价值的古村落和古民宅
2013 年	《村庄整治规划编制办法》	提出在乡土建筑保护方面，以采取保护性整治的形式为主，要求保留独特性的村落空间布局结构，传统的民居建筑风貌以及富有特色的建筑结构、材料，尽最大努力做好传统历史文化的传承和延续

当前，在乡村振兴战略的推动下，全国范围开展了美丽乡村建设。在发展乡村旅游产业中，对乡土建筑环境保护与更新以及再利用是最有效的方式之一。国内对乡土建筑环境的保护更新与再利用还处在探索发展过程中，还没有形成一整套系统的理论体系和方法，仍需要在实践中探索和总结经验。

浙江省作为我国新农村发展建设的先行示范区，在全域范围内推进美丽乡村建设，结合不同村庄的资源条件，进行各具特色的乡村建设发展的实践。浙江省在乡村振兴战略的引领下，在"美丽乡村"新农村建设中勇于探索和实践，在乡村景观建设方面出台了一系列的指导性文件：《中共浙江省委关于建设美丽浙江创造美好生活的决定（2014—2020）》进一步强调要积极推进美丽中国建设在浙江省的实践，加快各项生态文明制度建设，努力走向社会主义生态文明新时代，做出关于建设美丽浙江、创造美好生活的决定；《中共浙江省委、浙江省人民政府关于全面推进社会主义新农村建设的决定》从战略和全局的高度要求深刻认识全面推进社会主义新农村建设的重大意义，把农业、农村和农民问题放在核心位置，切实将社会主义新农村的各项建设任务着力落实，全面推进现代化建设和小康社会在农村的实现。在建设实践中，乡村产业由单一产业（农业）向第二、第三产业发展，形成以现代农业为主的乡村发展模式、以工商业为支柱产业的乡村发展模式、以生态保护为主的乡村发展模式和以旅游文化产业为主的乡村发展模式等多种发展模式。广大农村因地制宜建立有机更新、可持续发展的乡村设计与建设体系，不断探索适合各自发展方向的乡村环境建设实践。浙江省还下发了《加强村庄规划设计和农房设计工作的若干意见》，并出台了《浙江省村庄规划编制导则》与《浙江省村庄设计导则》等政策文件。《浙江省村庄规划编制导则》要求依据镇（乡）域村庄布点规划并结合村庄实际，明确村庄产业发展要求，确定村庄发展目标、发展规模与发展方向，合理布局各类用地，完善公共服务设施与基础设施，落实自然生态资源和历史文化遗产保护、防灾减灾等具体安排，加强景观风貌特色控制与村庄设计引导。《浙江省村庄设计导则》则涵盖总体设计、建筑设计、环境设计、生态设计及村庄基础设施设计五个层面。

在总体设计层面，要求尊重自然、顺应自然，充分考虑当地的山形水势和风俗文化，积极利用村庄的自然地形地貌和历史文化资源，塑造富有乡土特色的村庄风貌。让村庄融入大自然，让村民望得见山、看得见水、记得住乡愁。而在环境设计层面要求以人为本、生态优先，兼顾经济性和景观效果，突出浙江乡村风貌，建设人与自然和谐的生态家园。要延续原有乡村风貌；兼顾经济与美观，节能环保；优先使用乡土材料及旧材料的更新利用。村庄整体环境应适应当地的地形地貌，反映出不同的地域特色；注重人文景观的保护，传承地方文脉。为了改善城市和乡村发展的失衡问题，促进中国乡村的良性发展，响应国家明确提出的统筹城乡经济社会发展的战略思路，地方政府相继出台了一系列政策与技术标准，旨在促进乡村保护和建设（表1-12）。

表 1-12 我国关于美丽乡村和振兴发展的地方性相关政策文件

时间	政策文件	主要内容
2007 年	《云南省村庄规划编制办法（试行）》	提出编制村庄规划，应当以科学发展观为指导，坚持城乡统筹原则，并规定了云南省村庄规划编制的具体内容，提高村庄规划质量
2012 年	《浙江省历史文化名城名镇名村保护条例》	提出了浙江省加强历史文化名城、街区、名镇、名村的保护与管理办法，明确了浙江省各级政府保护古村落的工作以及申报历史文化名城的条件
2012 年	《安徽省森林村庄建设技术导则》	规定了安徽省森林村庄的规划设计等技术要点，提出村庄绿化的主要目的是改善村庄环境，建立健全村庄生态保护体系，保障村庄生态安全，同时提高村庄土地利用效率，发展林业产业
2012 年	《安徽省美好乡村建设规划（2012—2020年）》	明确了安徽省美丽乡村建设的主要任务是完善基本乡村公共服务及支农服务功能，配置各项基本公共服务和基础设施，吸引人口向中心村集聚
2014 年	浙江省《美丽乡村建设规范》	制定美丽乡村建设的地方标准，规定村庄建设生态环境、经济发展、社会事业发展、精神文明建设等常态化建设管理等方面的要求
2014 年	《中共云南省委 云南省人民政府关于推进美丽乡村建设的若干意见》	提出了云南省推进美丽乡村建设指导思想、主要目标和基本原则，并明确了重点任务，进一步改善农村人居环境，推进美丽乡村建设
2015 年	《浙江省人民政府办公厅关于进一步加强村庄规划设计和农房设计工作的若干意见》	提出要建立健全具有浙江特色的"村庄布点规划—村庄规划（设计）—农房设计"规划设计层级体系。围绕村庄规划的实施落地开展村庄设计，按照村庄设计确定的风貌特色要求进行农房设计
2015 年	《浙江省村庄规划编制导则》	指出了浙江省镇（乡）域村庄布点规划的主要任务、规划内容和成果要求，提出了村庄规划要遵循"完善体系、突出重点，增强实用、分类指导，简洁易行、便于操作"的指导思想
2015 年	《浙江省村庄设计导则》	明确了浙江省村庄的建筑、环境与生态、村庄基础设施等设计的具体规定，规范了营造乡村风貌、彰显乡村特色等浙江省乡村设计工作的具体要求
2016 年	《浙江省人民政府办公厅关于加强传统村落保护发展的指导意见》	提出全面加强传统村落文化遗产保护，合理利用，适度开发，努力实现传统村落活态保护、活态传承、活态发展的指导思想。明确了浙江省古村落保护的重点任务和措施
2017 年	贵州省《乡村建设规划许可实施办法》	针对新型农业经营主体、乡村公共设施、公益事业和民宅建设，加强乡村建设规划管理，规范乡村建设规划许可证申办程序
2018 年	浙江省《全面实施乡村振兴战略 高水平推进农业农村现代化行动计划（2018—2022年）》	提出实施新时代美丽乡村建设行动，强化乡村规划设计引领和村庄特色风貌引导，全域提升农村人居环境质量，加快农村基础设施提档升级，全面打造人与自然和谐共生新格局，系统推进农村生态保护和修复

时间	政策文件	主要内容
2018 年	《上海市农村人居环境整治实施方案（2018—2020 年）》	实施"两个美"工程，提升村容村貌水平，引导村民修补残垣断壁，形成优美整洁的村宅面貌，营造田园乡土气息，体现乡情乡韵。加强对村民建房风貌的引导和管控，彰显传统建筑文化元素和时代特色
2018 年	《安徽省国土资源厅关于服务乡村振兴战略的若干意见》	提出因地制宜编制村土地利用规划，统筹村庄建设、产业发展、基础设施建设、生态保护等用地需求，编制村土地利用规划，细化土地用途管制，助推美丽乡村建设
2018 年	《江苏省乡村振兴战略实施规划（2018—2022 年）》	实施美丽宜居乡村建设工程。强化规划引领，统筹城乡发展和农村生产生活生态，推进特色田园乡村建设，提升乡村风貌，持续改善和提升乡村人居环境
2018 年	《浙江省乡村振兴战略规划（2018—2022 年）》	提出四步走战略，以城乡融合发展为主线，以新时代美丽乡村建设为目标，努力率先实现农业农村现代化，跻身国际先进水平，打造现代版"富春山居图"
2019 年	《广东省农业农村部 广东省人民政府共同推进广东乡村振兴战略实施 2019 年度工作要点》	提出推进农村人居环境整治，全省所有行政完成环境基础整治任务。加快补齐基础设施和公共服务短板，推进完成乡镇和建制村"畅返不畅"路段整治和连接农场、林场、现代农业产业园区、旅游景点的农村公路改造
2019 年	福建省《关于坚持农业农村优先发展做好"三农"工作的实施意见》	提升乡村规划建设水平，强化乡村生态资源环境保护，严守生态保护红线，启动建设生态保护红线监管体系，构建人与自然和谐共生的美丽乡村
2019 年	《福建省住房和城乡建设厅关于做好 2019 年美丽乡村及特色景观带建设有关事项的通知》	强调美丽乡村建设要突出农房整治、农村公厕新建改造、农村生活垃圾治理、农村生活污水治理四项工作重点，并同步推进村庄房前屋后及杆线整治
2019 年	海南省《乡村民宿管理办法》	规范了乡村民宿经营行为，提高管理和服务水平，维护经营和消费者合法权益，促进乡村民宿业的健康持续发展

1.4 乡村景观研究的意义

一、契合当代人性化的要求

著名的建筑与人类学研究方面的专家、美国威斯康星州密尔沃基大学建筑与城市规划学院阿摩斯·拉普卜特（Amos Rapoport）教授的研究表明，设计者的方案预期效果和用户实际使用效果之间存在很大的差异性，很多设计的目的往往被用户忽略或不被察觉，甚至于被用户排斥和拒绝，究其原因是设计者没有更加深入地了解用户的需求，有些设计者高高在上，不去听取用户的意见，站在强势城市文化的角度盲目自信并藐视乡土文化，从而导致大量乡村景观设计作品被村民排斥。他的观点准确道出了人的需求的重要性。研究乡村景观的过程是与乡村当地人进行情感和文化交流的过程，了解乡土文化、体验乡村生活对于景观设计师来说非常重要。设计者能够从中发现景观设计中的缺陷和不足，从几千年的乡村地域文化中继承和发扬乡村智慧，更加关注和思考人的需求和体验，设计出符合时代精神、具有持久生命力的乡村景观。乡村景观设计只有站得高、看得远、做得细，立足于改善现实，体现当代追求，打造丰富多样的生活空间，充分根据人的体验与感受造景，才能营造宜人的空间体验。

二、立足乡村生态环境保护

国内的景观生态学研究起源于 20 世纪 80 年代。生态学认为景观是由不同生态系统组成的镶嵌体，其中各个生态系统被称为景观的基本单元。各个基本单元在景观中按地位和形状，可分为三种类型：板块、廊道、基质。乡村景观多样性是乡村景观的重要特征，景观设计的目的是处理人与土地和谐的问题，对保护乡村的生态环境、维护生产安全至关重要。

中国传统的"天人合一"思想把环境看成一个生机勃勃的生命有机体，把岩石比作骨骼，土壤比作皮肤，植物比作毛发，河流比作血脉，人类与自然和谐相处。工业革命之后，西方国家逐渐认识到破坏环境带来的影响，纷纷出台政策法规来规范乡村建设，保护生态。美国在房屋建设审批的时候对于表层土壤予以充分利用，建设完后还原表层土到其他建设区域而不浪费。英国政府对农民保护生态环境的经营活动给予补贴，每年每公顷土地可以获得 30 英镑的奖励，不使用化肥、不喷洒农药的土地经营将有 60 英镑的奖励。农场主在其经营的土地上进行环境管理经营，按照英国环境、食品和农村事务部的规定，无论是从事粗放型畜牧养殖的农场主，还是进行集约型耕作的粮农，都可与政府部门签订协议。一旦加入协议，他们有义务在其农田边缘种植作为分界的灌木篱墙，并且保护自家土地周围未开发地块中野生植物自由生长，以便为鸟类和哺乳动物等提供栖息家园。乡村生态环境保护是今后乡村发展的趋势，同时也会为乡村带来更多的机会，为城市带来更多的安全食品。

三、以差异化设计突出地域特征

城乡之间的景观存在多方面的差异，不同地域的乡村景观同样各具特色。独特的自然风格、生产景观、清新空气、聚落特色都是吸引城市游客的重要因素。但随着高速增长的全球化和城镇化进程，城乡差别不断缩小。其实，现代化和传统并不是非此即彼的。浙江乌镇历史悠久，是江南六大古镇之一，至今保存有20多万平方米的明清建筑，具有典型的小桥流水人家的江南特色，是中国几千年传统文化景观的代表。2014年11月第一次世界互联网大会选择在乌镇举办，是现代和传统的完美结合，差异化地表现了江南地域特色，可作为乌镇在处理现代与传统方面的成功经验。

云南剑川沙溪，2012年，瑞士联邦理工大学与剑川县人民政府开展合作，实施"沙溪复兴工程"，委派建筑师与当地政府联合成立复兴项目组。瑞士联邦理工大学与云南省城乡规划设计研究院合作编制了《沙溪历史文化名镇保护与发展规划》，计划打造一个涵盖文化、经济、社会和生态在内的可持续发展乡村，确立一种兼顾历史与发展的古镇复兴模式。由此可见，地域特色和乡村发展以差异化为原则，在提升生活质量的前提下，营造具有特色的乡村风貌和人文环境，才能带来乡村景观的发展和提升。

四、作为城市景观设计的参考

乡村景观虽然有别于城市园林，但它从自然中来，其在长期发展中沉淀出的乡村景观艺术形式可为城市景观设计提供参考，如图案符号、建筑纹饰、砌筑方式等都可以成为城市景观设计中重要的表现形式。乡村景观的空间体验表现得更加优秀，是凝聚亲和力的空间，自然而具有肌理质感的设计材料，是现代城市景观中良好的借鉴对象。比如，美的总部大楼景观设计通过现代景观语言来表现独具珠江三角洲农业特色的桑基鱼塘肌理，唤起人们对乡村历史的记忆。本地材料与植物是表达地域文化最好的设计语言。土人设计为浙江金华浦江县的母亲河浦阳江设计的生态廊道，最大限度地保留了这些乡土植被，植被群落严格选取当地的乡土品种，地被主要选择生命力旺盛并有巩固河堤功效的草本植被以及价格低廉、易维护的撒播野花组合。在现代城市景观设计中就地取材，运用乡土材料，经济环保且最方便可取的资源往往可以体现出时间感和地域特色，让城市人感受到乡村的气息，缓解城市现代材料带来的紧迫感，同时也能使不同地区的景观更具个性，更能凸显地域特色。

五、营造生产与生活一体化的乡村景观

当下传统村落的衰落与消亡很大程度上是受到全球化进程的影响。随着科学技术的不断创新，社会结构和生产方式都发生了翻天覆地的变化，传统乡村不可避免地会出现衰亡的情况，传统生活生产方式所产生的惯性也在逐渐变小。吴良镛院士认为："聚落中已经形成的有价值的东西作为下一层的力起着延缓聚落衰亡的作用。"北京大学建筑与景观设计学院院长俞孔坚教授在其《生存的艺术：定位当代景观设计学》一书中提到："景观设计学不是园林艺术的产物和延续，景观设计学是我们的祖先在谋生过程中积累下来的种种生存的艺术的结晶，这些艺术来自对各种环境的适应，来自探寻远离洪水和敌人侵扰的过程，来自土地丈量、造田、种植、灌溉、储蓄水源和其他资源而获得可持续的生存和生活的实践。"乡村景观正是基于和谐的农业生产生活系统，利用地域自然资源形成的景观形式，科学合理地利用了土地资源建设乡村景观新风貌，促进了农业经济的发展，同时促进了乡村旅游业的发展，繁荣了乡村经济。

中国现代农业由于土地性质不同于西方国家，国家制度上也和西方国家有区别，既不可能单纯走美国式的商业化农业的发展道路，又难以学习以欧洲和日本为代表的补贴式农业发展模式。"三农"问题（农业、农村、农民）一直备受关注，胡必亮在《解决"三农"问题路在何方》一文中提出了中国农业双轨发展的理念，即在借鉴美国和欧洲、日本的发展模式的基础上进行制度创新，创造出新的发展模式——小农家庭农业和国有、集体农场相互并行发展。国家也正在积极推进土地制度的改良，未来出现的乡村景观将有别于几千年来的传统乡村景观，这也为乡村景观设计者带来了巨大的挑战——从传统中来，到生活中去，找到适合的设计方向。

第 2 章 乡村景观的设计理论

2.1 乡村景观设计特征

一、乡村景观的自然特征

从地理学的层面理解乡村景观，它首先是一个自然的概念，包括地形、地貌、气候、土壤、水文、植被等环境要素。乡村景观在不同的时空中发生了一系列的变迁，包括从无到有、从乡村发展为城市、从天然场所发展为人文之地等，乡村景观的发展可以说是一部融合了历史、政治、经济、文化、艺术和科技等因素的宏大历史。乡村景观具有的"自然性"是其社会属性形成与发展的前提。具体来看，乡村景观的自然特征主要体现在以下几个方面。

1. 地理特征

中国的疆域有着丰富多样的地形地貌，地势以青藏高原为基点，西高东低，呈阶梯形向太平洋方向递减，东部地区地势较为低平，中部地区有着复杂的自然环境和起伏明显的地势变化，西部地区则有着较高的地势，世界最高峰——珠穆朗玛峰坐落于此。中国是世界上高程差最大的国家，这种独特的地势条件，促进了区域内暖湿海洋气流的循环，也加强了东部海洋景观与西部陆地景观之间的联系性。因此，中国的地形由山地、高原、盆地、丘陵、平原五种基本类型组成并呈现出高低起伏的势态，不同走向的山脉的相互交织形成网格状的布局形式。复杂的地理条件和类型繁多的地貌为中国孕育了十分丰富的自然资源，决定了中国乡村景观之间巨大的差异性。

多样的地理条件既让中国形成了各种风格迥异的乡村景观，也为各地打造独具特色的村落景观提供了基础，因此当代乡村景观评价不能简单化和模式化。乡村景观受地理特征的影响自然形成，其中，决定土地利用的重要因素在于坡度高低，正因如此，海拔较高的地区会出现奇特的山地垂直景观；山区景观和农业生产与地貌特征有着紧密的联系，如云南的梯田景观，就是依据地形沿等高线方向进行修田而形成的乡村景观。

2. 气候特征

气候也是影响乡村景观的重要因素之一。中国的气候具有季风盛行、气候类型复杂多样等特点。其中，季风盛行是中国气候较为典型的特点，不同区域的不同季风对气候也造成不同影响。例如：黑龙江流域冬季寒冷漫长，夏季温度适中；黄河流域夏季气候炎热、冬季温暖；长江流域则气候适宜、植物繁茂。中国的气候类型多种多样，各种气候的温度有显著区别，这使中国的自然资源十分丰富。从干湿气候变化来看，中国西部地区气候干旱，阳光充足，东部地区则湿润多雨，自然景观也由东至西从森林景观向沙漠景观转变。另外，中国的山脉较多，从纵横交错的山脉中可以观察到山地气候呈垂直变化趋势。

中国复杂多样的气候特征不仅为动植物的生长提供了适宜的地理条件，也为丰富中国的乡村景观提供了有利环境。中国各区域气候的差异，对乡村的建筑布局有明显的影响，如北方的四合院、南方的干栏式建筑、西北的窑洞以及东南地区的徽派建筑等，都有着深深的气候烙印。

3. 土壤特征

在农业社会中，土壤是影响农作物生产的重要因素。土壤的形成同样与季风气候、地形地貌、植被分布等息息相关，由此形成了丰富多样的土壤类型。土壤资源包括黑土、水稻土等。在乡村景观中，不同的土壤适宜不同植被和农作物的生长，故形成的景观也各具特征。

4. 植被特征

受地形条件和气候条件等影响，中国境内蕴藏着极其丰富的植物资源，且种类繁多，包括针叶林、阔叶林等，作为乡村景观重要构成要素的农田植被也是其中重要的一部分。针叶林是中国分布最为广阔的森林植被类型，其主要树种有落叶松、云杉、油松等。阔叶林在全国均有分布，秦岭—淮河以南地区的植物种类尤为丰富，如樟树、黄檀、女贞等，生长迅速，易生成林。此外，生长在秦岭以北辽阔草原上的植物资源也极其丰富，仅北方草原上的牧草种类便有4000多种，如禾本科、百合科、豆科等。不同的植被类型对地形、土壤、气候都会产生不同的影响，形成不同的乡村景观。

5. 水文特征

水资源是人类赖以生存和发展的必要条件，是农业生产的重要源泉。目前，全世界用水量最大的产业就是农业。水资源重要的地位及其特殊的审美性使水文条件也成为乡村景观的重要元素，而且是最具活力的要素。

中国的水域面积广阔，有5000多条河流贯穿大江南北，为中国乡村提供了优裕的自然环境。中国西高东低的地势条件促成了河流总体由西向东流的走势，河流穿过山地形成峡谷，巨大的高低落差形成了极其丰富的河流景观。而河网密度受降雨、地貌环境的制约呈东南往西北递减的趋势，平原多于山区、南方多于北方。长江是我国最大的水系，呈现出流量大、汛期长、水位变化小、含沙量较小及上游坡陡、流急、水资源丰富和中下游坡度缓、水流平稳，利于农作物灌溉的水文特点。作为中国第二大河流的黄河，流经九省，具有水量不稳、含沙量大、洪水大等水文特征。中国还有着众多的天然湖泊，分为淡水湖、咸水湖和盐湖三大类，根据湖泊水文特色、形成因素的不同，可分为东部平原湖区、东北山地与平原湖区、蒙新高原湖区、青藏高原湖区、云贵高原湖区五大湖区。此外，中国的冰川主要分布于西部四千米以上的高山、高原地区。各冰川的高度随山地雪线高低的不同而变化，呈自北向南升高的趋势。水景观设计是古往今来景观规划的重中之重，相较于城市人工营造的水景，乡村景观中的水景大多自然天成，而无数的河流、湖泊和冰川等水资源也构成了中国广袤地域上瑰丽的乡村景观。

二、乡村景观的形成特征

中国乡村景观除了因地理、气候、土壤、植被、水文等构成要素的千差万别而表现出具有地域性的、风貌各异的景观特征，这些具体地域的景观又会随着时间的演进而不断变化，其最终呈现形态不会是一成不变的。事实上，每一个时期乡村景观的变化特征都可以算是这一地区历史发展的一种缩影。在广阔的空间中，中国的乡村景观也以其自然特征的差异性塑造了不同的审美偏好与评价标准，反映了人与自然之间的关系。根据乡村景观的形成特征，可以总结出其具有以下几个方面的特点。

1. 生产性

乡村景观与人们的生存、生活息息相关，乡村景观的形成过程其实就是使用者为了满足生产的需要对原有乡村地区的土地进行完善、修整和创造的过程，这种行为本身是以生产、实用为功能目的，因此，生产性是乡村景观最基本的特点。

2. 自发性

传统乡村景观的形成并不是完全用"设计"制作出来的，也并非完全由自然来形成的。乡村景观其实是在"劳作"中自发形成的，是村民利用他们所能获得的知识和技能，在最低能耗下满足生产、生活和居住需要的过程中形成的。虽然一些局部的景观或多或少地带有使用者的主观意愿，但最终形成的整体却是一种"集体无意识"的形态，因此，传统乡村景观的形成具有自发性。事实上，正是由于乡村景观的自发性，乡村景观本就有它自身生长、演变的痕迹，其所体现出的地貌条件、植物条件、文化内涵和历史文脉也都是属于这个地块的"自然"，因而也具有一种乡土性或者地域性的特点。

在现代，研究乡村振兴背景下乡村景观设计的理论与实践，必须发挥人的主观能动性，有意识地去设计景观，这与传统乡村景观的形成特征是有明显区别的。如何在设计中让乡村景观保留自发形成时的那种自然感，避免人的主观性所带来的矫揉造作的感觉，是进行现代乡村景观设计时需要思考的重要问题。

3. 地域性

乡村景观是自发或半自发形成的，受所处地域影响较大。从乡村景观的构成来看，构成乡村景观的自然要素和人文要素都具有明显的地域性特征，因此乡村景观的最终呈现形态会因地域的自然地理特点、人文特点差别较大。在全球化的今天，城市建设越来越趋同，因此乡村的地域性特点也就备受人们的关注。

4. 生态性

理想的乡村景观要能够体现生态保护的理念。农民在进行农业耕作的时候，因地制宜，充分尊重当地的独特特征，发展和自然环境相协调的土地利用方式，融入更多的自然因素，促成景观的丰富性和各种要素的协调。生物多样性、景观丰富性和各种要素的协调性三者共同构成了乡村环境的生态美。具有生物多样性的半自然栖息地是一种让人感觉舒适的乡村环境，如聆听小鸟的悦耳鸣叫，就是乡村环境感受的一部分。

5. 审美性

乡村景观的形成是农民在与自然的不断较量、试探过程中，懂得了如何规避大自然的暴躁，又如何享受大自然的温存，反映了人对自然的依存和适应。因此，乡村景观所体现出来的大自然的欣欣向荣以及亲切宜人的田园风光，具有审美性的特点。

6. 文化与历史的体现

从乡村景观的形成历史还可以看出，乡村景观是文化与历史的体现。乡村有良好的生态环境和田园风光，是人类生活和生产的一个重要空间，有人类文明的存在。村民是乡村的构成主体，乡村景观体现了人们对环境的适应与改造，也承载了社会文化的有机成分，表现了人与人、人与土地以及人与社会之间的联系。从乡村景观中，可以看出乡村的自然与社会发展历史，任何一棵参天大树，任何一处残垣断壁，都是历史的见证。所以，其在表现乡村社会文化发展状况方面体现了自身独特的价值。

2.2 景观生态学理论

景观生态学研究的对象是整个景观，在生态系统原理与方法的支持下，对景观的斑块、基质、结构、格局等方面进行研究，探究最合理的景观存在模式。在乡村景观设计中运用景观生态学理论将使塑造乡村景观的各要素彼此间相互作用，使乡村景观设计更加合理。

一、景观生态学的内涵

"生态学"一词原意为生物生存环境科学，后发展成为研究生物、人及自然环境的相互关系、研究自然与人工的生态结构与功能的科学。现如今，生态学研究的内容已经超出了原来的范围，融入各学科中，为各学科的研究提供理论上的指导。

1939 年，德国地理学家 C. 特罗尔首次将景观的概念引入生态学，提出了景观生态学概念，用来阐释一个区域内的自然—生物综合体的相互关系。在 C. 特罗尔看来，景观生态学不是新学科或科学新分支，景观生态学只是一种综合研究的特殊观点，C. 特罗尔希望将地理学家采用的表示空间的"水平"分析方法与生态学家使用的表示功能的"垂直"分析方法结合在一起。换句话说，C. 特罗尔对创建景观生态学的最大贡献在于通过景观综合研究开拓了由地理学向生态学发展的新道路，从此景观生态学就在此基础上发展起来。

景观生态学研究的焦点集中在较大空间与时间尺度下生态系统的空间格局与生态过程。自然地理学家、生态学家、经济学家、城乡规划专家、建筑师、农业专家等都参与了景观生态学研究，他们有一个共同的目的，就是要在人类与景观之间建立良好的关系。

在生态系统中，景观的层级要比生态系统更高，景观生态学以整个景观为对象，通过物质与能量等流动着的因素在地球表层的生物与非生物之间传输与交换，运用生态系统原理和方法研究景观结构和功能、景观动态变化以及相互作用机理，研究景观的美化格局、优化结构、合理利用和保护。景观生态学强调异质性的维持与发展、生态系统之间的相互作用、大区域生物种群的保护与管理等，重视研究的尺度，具有高度综合性。景观生态学是新一代的生态学，在景观这一层次上，低层次的生态学研究可以被综合起来，因而具有很强的实用性。从学科地位来讲，景观生态学有许多现代学科的优点，适合用来组织协调跨学科、多专业的区域生态综合研究。

二、景观生态学的主要研究内容

景观生态学的研究内容有许多来自相邻学科，这里对其主要的研究内容进行论述。

1."斑块—廊道—基质"模式

"斑块—廊道—基质"模式是用来描述景观空间格局、功能的基本模式，这一概念来自生物地理学下的植物地理学分支。该模式在20世纪80年代由美国生态学家理查德·福尔曼提出。"斑块—廊道—基质"模式中，斑块、廊道、基质都是重要的景观要素。

(1) 斑块

斑块是在景观的空间比例尺上所能见到的最小异质性单元，即一个具体的生态系统，它在外观上与周围环境不同，表现为非线性的地表区域。斑块可以分为环境资源斑块、干扰斑块、残存斑块、引进斑块等。第一，环境资源斑块由环境资源在空间格局中的异质化生成，稳定性强，沙漠绿洲就是其中的代表。第二，干扰斑块由基质内的局部干扰产生，不合理的森林采伐、灌溉、畜牧等就会产生这种斑块。干扰斑块具有周转率较高、持续时间较短的特点。第三，残存斑块是基质受到广泛干扰后残留下来的部分未受干扰的小面积区域，其成因机制与干扰斑块正好相反，大火燎原后幸存下来的小片植被区域属于这种斑块类型。第四，引进斑块由人为活动引起，如在本来没有某种植物、动物的区域引入该种植物或动物。由于成因不同，斑块的大小、形状（外部特征）、数量相差较大。

斑块的大小是景观中各种生态系统相互干扰和演替作用的结果。不同大小的斑块承载种类不同的物质、数量不等的能量，但是它们不是线性的关系。斑块内部能量储存数量与斑块边缘能量存储数量不一样。从实际来讲，越大的斑块在地理环境上将有更多的样态，其中包含更多的景观，复杂的地理环境也会让其中的生物多样性增加，这是小斑块无法实现的。并且，大的斑块也在应对外界干扰方面体现出更大的能力，有利于斑块的稳定存在。虽然小斑块不利于多样性物种的生存，但由于其面积小，更利于底端生物的生存，而且便于灵活布置，因此在规划开发中也是必不可少的。动植物群落、土壤、建筑物等有生命或无生命的部分都属于斑块。

斑块的形状影响边界与内部生存环境的比例，进而影响斑块的物质、能量与物种分布，主导着物种扩散与动物觅食活动的开展。斑块的形状多种多样，从狭长形到圆形，从平滑边界到回旋边界……研究者通过对斑块形状的分析能够更好地认识物种分布的稳定性以及物种扩展、收缩和迁移的趋势。理想的斑块形状要能满足不同的生态功能，即生物的生存机能。这种理想的斑块形状要包含核心区与边缘区，边缘区要能与周边环境发生相互作用，要形成触角与周边的环境进行能量的交换作用。环境功能的简单或复杂直接制约着斑块形状的复杂程度，它们之间存在正比例关系，环境功能越简单，则斑块形状越简单，反之则越复杂。例如：正方形和圆形斑块适用于平原地区的耕地、草地和林地；长条形或不规则形斑块则适用于有坡度的、起伏不平的或是不规则地带的景观形式。

斑块的数量受环境生态过程的影响，同时它也对区域生态过程产生作用。如果减少一个斑块，就意味着抹去一个栖息地，从而减少景观与物种的多样性，以及某一物种的种群数量。如果增加一个自然斑块，则意味着增加一个可替代的避难所，为景观与物种增加一份保障。

从景观与斑块的关系分析，景观就是由各种大大小小的斑块拼接在一起形成的，并且在景观中同类斑块的数量、面积以及不同的空间构型往往决定着景观中的物种动态和分布特征。干扰与斑块空间构型之间存在一种默契关系，这决定了斑块只要保持一定限度的密度与干扰水平，就能维持稳定。景观生态学认为，斑块之间的距离对斑块的存在有着较大影响，如果一个斑块距离其他斑块太远，就无法方便地建立与其他斑块的联系，这样单一存在的斑块由于自身内部多样性不足，势必影响其所存在的物种的发展，如果斑块与斑块之间挨得比较近，能够建立紧密的联系，那么斑块就能长期存在。

（2）廊道

廊道是指不同于两侧基质的狭长地带，可以看作一个线状或带状斑块，廊道两端一般与大型斑块连接。廊道既分隔景观，又将各种景观连接起来，发挥着通道与阻隔的双重作用。连接度、节点及中断等是反映廊道结构特征的重要指标。对有益于物种空间运动与维持的廊道，当然是数目越多越好。在景观生态学中，不同的斑块之间通过廊道相连，廊道对于斑块和斑块之间的物质、能量的交流具有重要的意义。廊道可以分为干扰廊道、残余廊道、环境资源廊道与人工廊道等。干扰廊道一般指道路、动力线。残余廊道一般指采伐保留带，为动物迁徙保留的植被带。环境资源廊道与人工廊道一般指河流、山脊线、谷底动物路径、防护林带、人工树篱，以及沿着栅栏、城墙自然长出的树篱等。

此外，按照廊道的宽度，还可以将廊道划分成线性廊道、带状廊道、宽带廊道三类。线性廊道是由公路、小道、灌渠等边缘事物占优势的廊道，其特点主要是窄且长。带状廊道是比线性廊道更加宽阔的条带，能够容纳更多数量的生物或更多种类的生物，其内部环境比较稳定。宽带廊道是主要沿河流两侧分布的植被带，其宽度与河流的规模有较大关系，范围涉及河道边缘、河漫滩、堤坝和部分高地，其存在的意义在于控制水流与矿物质的流动，也有护岸固堤的作用。

（3）基质

任何景观的塑造都离不开基质，基质是景观中最大的一个部分，具有比较统一的特征且能够将各种景观要素合理地连接在一起，影响能量、物质、物种的流通，对景观的动态起着主导作用。判定基质的标准主要涉及以下三个方面。

一是相对面积，景观中基质的面积占比要比其他景观面积占比更大，因此可以根据这一特点来判断哪一部分是基质。基质中存在一些优势要素，它们有的占据着主导地位。基质的面积越大，它在整个景观中发挥的作用也就越大。因此，采用相对面积作为定义基质的基本标准。

二是连通性，因为基质是承载与关联其他要素的景观要素，因而能够较好地与其他景观要素建立联系。在确定景观中某一基质面积最大之后，就可以进一步从连通性上对其进行准确判断。如具有一定规模的树篱等，它们从物理、生物、化学的角度起到防风、防火、屏障生物流动等作用。当连接成相交的细长条带时，景观要素可以起到廊道的作用，便于物种迁移和基因转换。

三是动态控制，动态控制是指景观要素对景观动态变化的起点、速度、方向起主导作用和控制作用。基质对景观动态的控制程度较其他景观要素类型高。将相对面积、连通性、动态控制结合起来能够有效判断景观要素是否为基质。

"斑块—廊道—基质"模式的形成，能够帮助实现景观结构、功能与动态表述的细化，同时"斑块—廊道—基质"模式还有利于考量景观结构与功能之间的相互关系，比较它们在时间上的变化。但在实际研究中，要明确区分斑块、廊道和基质存在难度，同时也并非完全必要。景观生态学的"斑块—廊道—基质"模式为描述景观结构、功能和动态提供了一种空间语言，也为景观规划设计提供了很好的理论指导。为了实现景观设计生态效益的最大化，只有用廊道把各个斑块与基质联系起来、形成系统才行。因此，进行景观规划设计时，要使各类斑块具有最佳的位置、最佳的面积、最佳的形状，且均匀分布于对应的景观中；还要用廊道把这些零散分布的斑块连接起来，以形成景观的有机网络，这样才能使景观设计显得更有生机。

2. 景观结构与格局

景观整体构成一个系统，具有一定的结构与格局，景观格局整体特征又包括一系列相互叠加、呈现出动态的特征。景观结构是景观生态学研究的一个关键点，主要研究景观的构成问题以及如何在空间格局中实现景观的良好分布，在观察一个景观时，能够比较直观且清晰地看出其中的结构。景观格局是指景观的空间格局，即大小和形状各异的景观要素在空间上的排列与组合，包括景观组成单元的类型、数目及空间分布与配置，不同类型的斑块可在空间上呈随机型、均匀型或聚集型分布，同时景观格局也是景观异质性的具体体现。景观格局具体可分为均匀型分布格局、团聚式分布格局、平行分布格局、线状分布格局等。均匀型分布格局指某一特定属性的景观要素在景观中的空间关系基本相同、距离基本一致，如林区长期的规则式采伐和更新形成的森林景观、平原农田林网控制下的景观等。团聚式分布格局指同一类型的景观要素斑块聚集在一起，同类景观要素相对集中，在景观中形成若干较大面积的分布区，再散布在整个景观中。例如，在丘陵地区的农业景观中，农田多聚集在村庄附近；华北山地林区和南方丘陵浅山地区的各类森林斑块相对集中，聚集成团。平行分布格局是指同一类型的景观要素斑块呈平行分布。例如，宽阔河流两岸的河岸带、各级阶梯农田和高地植被带。线状分布格局指同一类型的景观要素斑块呈线状分布，如村庄的耕地、河岸植物带、公路和铁路沿河流分布等。

在景观生态学中，结构与格局这两个概念均为尺度相关概念，表现为大结构中包含有小的格局；大格局中同样含有小的结构。

景观生态研究通常需要基于大量空间定位信息，在缺乏系统景观发生和发展历史资料记录的情况下，从现有景观结构出发，对不同景观结构与格局的分析，成为景观生态学研究的主要思路。因此，景观结构与格局分析是景观生态研究的基础。在景观结构与格局研究中还应重点关注景观异质性、尺度、景观对比度、景观粒径、景观多样性、不可替代格局、最优景观格局、景观格局优化等问题。

（1）景观异质性

异质性来源于干扰、环境变异和植被的内源演替，其存在对整个生物圈意义重大，地球上多种多样的景观就是异质性存在的最好证明，有了异质性的存在，各种景观元素间就可以进行物质与能量的交换。通常来讲景观异质性就是一个景观区域中景观元素类型、组合及属性在空间或时间上的变异程度，也可以说是斑块空间镶嵌的复杂性程度。景观生态学研究主要基于地表的异质性信息。景观生态学研究中，景观异质性包括时间异质性和空间异质性。时间异质性反映不同时间尺度景观空间异质性的差异。空间异质性反映一定空间层次景观的多样性，一般可以理解为空间斑块与梯度的总和，景观的空间格局就是景观异质性的具体表现。更确切地说，景观异质性研究的是一种时空耦合异质性。正是时间、空间两种异质性的交互作用导致了景观系统的演化发展和动态平衡，系统的结构、格局取决于时间和空间异质性，影响着物质、能量以及物种在景观中的迁移、转化。景观异质性能提高景观的抗干扰能力、恢复能力、系统稳定性与生物多样性，有利于物种的共生。因此，对景观异质性的研究能够对景观生态规划起到有效辅助作用。

（2）尺度

任何景观均具有明显的时间和空间尺度特征，反映的是一种时间和空间的细化水平。景观生态学研究的内容包括了解不同时间、空间水平的尺度信息，了解研究内容随尺度变化的规律性。尺度差异对于景观结构特征以及研究方法的选择有重要影响，虽然在大多数情况下，景观生态学是在与人类活动相适应的相对宏观的尺度上描述自然和生物环境的结构。但景观以下的生态系统、群落等小尺度资料对于景观生态学分析仍具有重要的支撑作用。在进行一项景观生态问题研究时，确定合适的研究尺度以及相适应的研究方法，是取得合理研究成果的必要前提。

（3）景观对比度

景观对比度是指邻近的不同景观单元之间的相异程度，如果相邻景观要素之间差异较大，过渡带窄而清晰，就可以认为是高对比度的景观，反之则为低对比度景观。景观对比度只是描述景观外貌特征的一个指标，其高低大小并无优劣之分。

（4）景观粒径

景观根据景观要素的大小有粗粒和细粒之分。不同粒径的景观要素具有不同的景观生态功能。粒径与所研究的尺度水平有着密切关系，景观粒径的大小与生物体领地大小不同。

（5）景观多样性

景观多样性是指由不同类型生态系统构成的景观在格局、结构方面的多样性和变异性，它反映了景观的复杂性程度。景观多样性包括三个方面的含义，即斑块多样性、类型多样性和格局多样性。景观多样性与景观异质性之间关系密切。

（6）不可替代格局

景观规划中有一些是要优先考虑保护或建成的格局，如大型的、以自然植被斑块作为水源涵养所必需的自然开发区，或建成区里的一些用以保证景观异质性的小型自然斑块与廊道。对于不可替代格局的研究是所有景观规划的一项基本任务。

（7）最优景观格局

最优景观格局是指以最理想的景观格局分布实现景观设计规划的作用。目前，研究者普遍认为"集聚间有离析"（"集中与分散相结合"）的格局模型是最理想的景观格局。"集聚间有离析"格局强调将土地利用按分类集聚，并在开发区和建成区内保留小的自然斑块，同时，沿主要的自然边界地带分布一些人类活动的"飞地"。"集聚间有离析"格局的景观生态学意义显著。例如，景观质地满足大间小的原则；分担风险；遗传多样性得以维持；形成边界过渡带，减少边界阻力；小型斑块的优势得以发挥；廊道的作用得到体现等。由于这一模式适用于任何类型的景观，从荒漠景观、森林景观到农田景观都可以使用，所以对乡村景观设计有着潜在价值，应该深入研究。

（8）景观格局优化

景观格局的优化也是景观生态学研究的一项重要内容，其核心包括以下五项内容。

①景观背景分析

景观背景分析是景观生态规划做的工作，分析内容包括景观在区域中的生态作用、区域中的景观空间配置、历史时期自然和人为扰动的特点、区域中自然过程和人文过程的特点及其对景观造成的可能影响等。

②总体布局规划

景观生态学理论认为，景观规划中的总体布局应该包括大型的自然植被斑块、作为物种生存与水源涵养所必需的自然栖息环境、足够数量与尺度的廊道。这一总体布局也是所有景观规划的一个基础格局。

③关键地段识别

景观格局优化要从总体布局规划上入手，找出关键景观地段，这些关键景观地段具有较丰富物种多样性的生境类型或单元、生态网络中的关键节点与裂点、对景观健康发展具有战略意义的地段等。

④生态属性规划

生态属性规划是景观格局优化的一个重要步骤，它从目前景观建设的实践中找出其中存在的问题，并按照景观规划建设的总体目标和总体布局要求，在景观建设方面做出更大的调整，以适应现代社会对景观生态属性的需要。生态属性规划最终要实现的，是在生态学基础上建立景观的合理结构，让各种景观要素都能够以一种理想的状态发挥自身的价值，同时避免人类活动对景观造成不可逆的破坏。

⑤空间属性规划

景观规划设计的核心内容和最终目的是通过景观格局空间配置的调整实现景观设计需要。为此，应根据景观和区域生态学的基本原理和研究成果，以及基于此形成的景观规划的生态学原则，调整景观单元的空间属性，如斑块及其边缘属性、廊道及其网络属性等。通过确定这些空间属性，让景观生态规划有一个比较确定的方案。之后，随着对景观利用的生态和社会需求的进一步改变，对该方案进行不断的调整和补充。

虽然以上论述为景观格局优化提供了理论与方法，但是生态学理论的研究目前还没有真正转化为可行的实践经验，目前研究者将研究的重点放在研究景观元素属性及不同景观元素之间的关系上，很多问题还有待解决，还需要进一步研究。

3. "源—汇" 景观

"源—汇" 景观是针对生态过程而言的，源景观是指那些能促进生态过程发展的景观类型，对于保护生物多样性来说，能为目标物种提供栖息环境、满足种群生存基本条件，以及利于物种向外扩散的资源斑块，可以称为源景观；而那些能阻止、延缓生态过程发展的景观类型，以及不利于种群生存与栖息或生存有目标物种天敌的斑块可以称为汇景观。基于生态学中的生态平衡理论，从格局与过程出发，研究 "源—汇" 景观系统，是为常规意义的景观赋予一定的过程含义，通过分析 "源—汇" 景观在空间上的平衡，来探讨有利于调控生态过程的途径和方法。

4. 景观连接度

景观连接度指对景观空间结构单元相互之间连续性的量度，侧重于反映景观的功能。景观连接度研究景观要素之间的有机联系，这种联系一部分是功能上的联系，另一部分是生态学意义上的联系，这种联系使生物群体建立起沟通交流的途径，让各种景观要素相互间能够进行直接的物质交流、能量交流与信息交流。景观连接度与廊道是否存在、斑块间的距离、景观中的生境数量等要素相关。

三、景观生态学与乡村景观设计

人类活动的日益频繁使乡村景观要素不再像过去那样联系紧密，变得日益松散化，随之而来的连锁反应就是景观生态的正常调控与活动能力受到影响。景观生态学的相关原理可以指导区域的景观空间配置，优化景观结构和功能，从而提高景观的稳定性。乡村景观是乡村景观生态的反映，彰显着乡村随着历史发展在文化、经济、社会、自然等方面形成的独特地域特征，能够作为标志区分乡村地域。从景观生态学的角度来看，乡村景观应具备的特征有以下四个方面。

第一，宽广感和辽阔感，伸向远方的平远感，稳重的安定感和宁静感。对于平原地带来说，乡村景观很少有遮挡视线的物体，开阔的视野中可以看到大片的农田，给人一种非常宽广、舒展的感觉。对于山区丘陵来说，山脚的体量显得比较厚重，营造出稳重的背景画面，让人产生安定的情绪，给人安心地享受。

第二，丰富的水系与生物，多样化的生态环境。河流、沟渠等水流空间的连续性构成了乡村景观的部分框架，在乡村景观中，水系与植被是构成景观的主体，并且具有循环性，这种水系与植被构成的景观可以给人带来舒适享受。

第三，丰富的四季景观变化，多彩的植被和温和的气氛。乡村景观中自然植被丰富多样，不同的季节，植被的状态各不相同，同一个地方，四季景观有着截然不同的变化，加之依靠自然规律对物种进行合理的时空配置，乡村景观呈现出丰富多样的特征。

第四，合理的地形利用。将村落建在靠近较大斑块的边缘或山脚，能让人们体验到居住环境的安全舒适。人性化地营造农村建筑物，顺应地形等自然条件与实际需求，在人力所及的范围内形成人性化空间尺度的舒适性景观。

景观生态学理论应用于乡村规划方面的内容主要是斑块、廊道与基质在生态系统中的经济效益，注重乡村景观生态的可持续发展研究。例如，基于景观生态学理论的"源—汇"景观理论，研究如何选择、引入和维护村庄斑块，使它们成为构筑"源"之间联系的廊道，为重塑具有自然景观特色的美丽乡村打下基础。

在乡村斑块中，斑块规模的大小反映着乡村经济是否有充足的发展动力，也反映着人口数量的多少、产业形势的好坏、公共设施是否完善、医疗卫生体系是否健全等。面积较大的乡村自然斑块，一般基础设施相对完善，产业形式多样。村落斑块的形状在不断发生着变化，在自然村落中通常会有一个区域是人口密集区，该区域是村落自然斑块的核心区，一般为规则的几何形状，随着时间的推移，人口数量的增多，核心区由规则的几何形状变成不规则的形状，通过研究核心区的演变过程，可以了解村落不同的发展阶段。

2.3 可持续发展理论

可持续发展是当下世界经济社会发展的主流观点，在可持续发展理念下，资源的消耗与废弃物的排放都将得到控制，人为干预将让人类的生产生活与自然达成某种默契，实现经济、生态、社会的长久发展。将可持续发展理论融入乡村景观设计，将为乡村景观设计的各个方面带来好处。

一、可持续发展的内涵

可持续发展理论的形成从工业时代对人类生存环境产生威胁开始，这一理论被认为是 20 世纪最重要的理论之一。1962 年，美国生物学家蕾切尔·卡森发表了一部名为《寂静的春天》的环境科普作品，这一作品的出版在世界范围内引发了人们关于发展观念的争论。1972 年，联合国人类环境会议首次提出可持续发展的概念。1987 年，联合国世界环境与发展委员会发表了名为《我们共同的未来》的报告，其中也使用了可持续发展概念。可持续发展的定义目前还没有完全统一，但这一概念大致上阐释了可持续发展是保护并加强环境生产与更新的能力，寻求最佳的生态系统以实现环境的可持续；在不超出维持生态系统涵盖力的条件下生存，以提高生活质量、维持身体健康；在保持自然资源与服务提供的前提下，让经济净利益最大限度地增加，以经济的发展不降低环境质量与破坏资源为前提。可持续发展不仅要满足当下人们的需要，还要不损害后代人的利益。

可持续发展不是单方面的可持续发展，而是多层面的可持续发展，它包括共同发展、协调发展、公平发展、高效发展、多维发展等方面。

第一，共同发展。将地球看作一个整体，在这个整体中有着各种维持地球系统正常运转的要素，各要素的系统性配合成就了这个整体的正常运转。在地球这个大的系统框架下，存在许多作用与运行条件各异的子系统，子系统的存在是地球大系统不可缺少的部分。在地球这个大系统中，任何子系统的运转都要顾全大局，为整个地球大系统的正常运转而工作，因此子系统之间必须保持良好的配合，就像钟表上的齿轮，需要相互配合才能让钟表动起来，如果一个齿轮出现问题，钟表就没法正常运转，子系统之于大系统也是如此。要实现地球这个大系统的发展，就要让各个子系统先得到发展，注重发展的整体性与协调性的统一，最终实现共同发展。

第二，协调发展。持续发展的内核是协调发展，协调发展包括一个国家或地区自然资源、生态环境、社会经济的协调。自然资源是人类社会存在与发展的基础，自然资源的可持续利用是保障人类社会可持续发展的物质基础。资源是可持续发展的核心，对自然资源的可持续利用可以通过经济、技术等手段来实现。人类生活在生态环境之中，生态环境是人类生存与发展的物质基础，在目前的生产条件下，生态环境遭到极大的破坏，究其根源就是对资源的不合理使用造成的。在可持续发展理念中，生态环境要作为经济社会发展的支撑，应该把生产中的生态环境投入与服务功能计入生产成本当中，逐渐修改并完善经济社会发展模式。经济社会发展必须对自然资源、生态环境进行切实的保护，开发利用与节约同时发挥作用，不仅要对当下的发展进行合理的规划，还要为子孙后代留下发展条件和发展空间。

第三，公平发展。当今世界不同国家和地区的经济发展状况各不相同，有的经济发展迅速，有的经济发展缓慢，这种现象一直存在。经济发展的不平衡有的是自然形成的，有的是因为发展的过程中本身就存在不公平的现象，如果这种不公平的现象一直存在并有加剧的趋势，那么很可能这种发展的不平衡就会普及化，波及其他国家和地区的发展。可持续发展理念提到的公平发展是指既要在空间上公平发展，也要在时间上公平发展。空间上的公平发展强调任何国家的发展都不能以牺牲别国的发展利益为前提，任何国家发展的可能性应该是一样的。时间上的公平发展强调发展的自我限制性，不能因为现在的无节制发展，影响子孙后代的发展，如果将子孙后代发展所需的资源都提前消耗掉，势必会带来严重的后果。此外，对于可持续发展中的跨国界合作，要遵循国际公平的具体原则，相互尊重、平等合作，而且发达国家还需向发展中国家提供援助，帮助落后国家实现可持续发展的责任。也就是说，不仅发达国家要可持续发展，发展中国家也要努力实现可持续发展。

第四，高效发展。高效发展不仅是经济的高效发展，也是资源的高效利用，同时这种高效发展还要兼顾人口、社会、环境等因素。在可持续发展中，既要保障经济能够高效地发展，又要保证资源被最大限度地利用，尽可能减少资源的浪费。高效发展是实现可持续发展必不可少的方面，因此，实现可持续发展要大力推广高效发展理念。

第五，多维发展。可持续发展涉及多个维度的考量。从国家发展的维度来讲，各个国家都在发展，但是这种发展是不平衡的，一个国家的发展水平也不仅仅是看其经济发展的程度和水平，还要看文化、自然环境等方面的发展水平。从可持续发展概念本身来看，可持续发展就是一种综合性的发展概念，其样式组成各不相同，形成了各种不同维度的模式。因此，要将可持续发展的理念与国家发展的实际情况相结合，选择适合本国的发展模式，构建多维的可持续发展。

综上所述，可持续发展是一个值得深思的问题，它深刻揭示了自然与人的关系，这不是一种利用与被利用的关系，而是一种互利关系。可持续发展就是要在人类发展的过程中实现对环境和对生态的保护，为子孙后代的发展提供保障。在可持续发展理念的影响下，人类必须进行有限制的社会活动，有节制地进行资源开发和生产，将社会和经济的发展控制在资源与环境的承载范围之内。同时，人类的可持续发展要从长远考虑，当代人的消费和发展要保证不损害下一代人同样的消费和发展机会，在不危害后代发展利益的前提下开发满足当代人生产生活需要的全新发展模式是可持续发展理论的核心内容。此外，可持续发展建立新的文明观、道德观和发展观，最终要达到人与自然的和谐共生。

二、可持续发展的主要研究内容

可持续发展涉及的研究内容包括可持续的经济、可持续的生态、可持续的社会三个方面，且注重研究这三个方面的协调与统一。要求人类在发展中讲究经济效率、关注生态和谐和追求社会公平，最终实现人的全面发展。

1. 经济可持续发展

从古至今，在人类追求的发展中，经济发展是一大主题，经济发展直接影响各项产业发展。可持续发展并不是要忽视经济增长，而是要将经济增长作为可持续发展的推动力，只有经济得到良好的发展，一个国家或地区才有可能为环境保护投入更多的资金，也就是说有了经济增长，一个国家或地区才有实力让本区域的环境保护事业得到持续稳定的支持。可持续发展理念下的经济增长不仅将增长速度视为主要指标，同时也要求经济高质量发展，从以单纯经济增长为目标的发展转向经济、社会、资源与环境的综合发展。既要求改变传统生产与消费模式，将区域经济开发、生产力布局、经济结构优化、实物供给平衡等作为经济可持续发展的基本内容，也要求经济体能够连续地提供产品与劳务，使内债和外债控制在合理范围内，并且要避免对工业和农业生产带来不利的、极端的结构性平衡。要建立自然资源账户，在国民生产总值核算中要考虑自然资源（主要包括土地、森林、矿产、水和海洋）与环境因素（包括生态环境、自然环境、人文环境等）

的成本，将经济活动中所付出的资源耗减成本和环境降级成本从国民生产总值中予以扣除。可持续发展要求改变传统的以"高投入、高消耗、高污染"为特征的生产模式与消费模式，实施清洁生产与文明消费，以提高经济活动中的效益、节约资源和减少废弃物排放。从某种角度上来看，可以说集约型的经济增长方式就是可持续发展在经济方面的体现。经济的可持续发展包括持续的工业发展与农业发展两个方面。

在持续的工业发展上，需要综合利用资源，推行清洁生产并树立生态技术观。综合利用资源就是要在经济发展体系上谋求资源节约，提倡资源循环利用，将废物资源化。清洁生产就是在尽量减少废弃物排放的基础上实现生产，在生产过程中将废物进行无害化、资源化处理。生态技术观就是应用科学技术与成果，在保持经济快速增长的同时，依靠科技进步与劳动者素质的提高，不断提高发展的质量。

在持续的农业发展上，需要采取适当方式使用与维护自然资源，通过实行技术变革和机制性改革满足人类发展过程中对农产品的需求。这种农业方面的可持续发展，能够在维护土地、水、动植物遗传资源等方面发挥积极作用，是一种不退化环境，技术上应用适当，经济上能生存下去且社会能够接受的农业发展方式。

2. 生态可持续发展

社会与经济的发展需要与生态可持续发展相协调，要符合自然的承载能力，不能以破坏生态作为发展的前提。研究生态可持续发展就是在研究如何以发展的方式促进地球环境的改善，在发展的同时促进地球生态朝着可持续的方向适应性转变。生态可持续发展探讨的是人口、资源、环境三者之间的可持续发展关系，从人类发展的长远利益上考虑人类当下的生产生活，谋求一种自然与人和谐共存的相处方式。使人类与周边环境的"交流"变得顺畅，寻求改善环境、造福人类的良性发展模式，促进社会、经济发展更加繁荣。可持续发展强调了发展的限制性，如果发展缺乏限制，那么发展的持续性也就无法得到保障。

生态可持续发展就是在资源开发、消耗、排污等方面把强度控制在合理的范围内，这个合理范围就是地球环境能够进行自我调节的范围，也就是人类活动的需要与地球产出所能达到的平衡状态。生态可持续发展同样强调环境保护，但不同于以往将环境保护与社会发展对立的做法，生态的可持续发展要求社会经济发展要与自然的承载力相协调。生态可持续发展要求通过转变发展模式，从人类发展的源头、从根本上解决环境问题。因为生态系统能够通过自身的调节作用与自净能力恢复并维持生态系统的平衡与稳定运行，所以人类需要牢牢把握住生态系统的自我调节机制，实现生态可持续发展。

3. 社会可持续发展

社会可持续发展与经济可持续发展存在区别与联系，经济发展以"物"为中心，以物质资料的扩大再生产为中心，注重解决好生产、分配、交换与消费各个环节之间的关系问题。社会发展的重点在"人"，以满足人的生存、享受与发展为中心，注重解决好物质文明与精神文明建设的共同发展问题。经济发展是社会发展的前提与基础，社会发展是经济发展的结果与目的，两者之间只有相互补充、协调发展，才能实现整个国家的持续、健康、快速发展。社会可持续发展强调社会公平，是环境保护得以实现的机制和目标。在社会可持续发展中，指出世界各国各地区的发展阶段可以不同，发展的具体目标也可以各不相同，但发展的本质应包括改善人类生活质量，提高人类健康水平，创造一个保障人类各项权益的社会环境。社会可持续发展的主要内容是创造人人平等、自由、无暴力的，保障人权、教育的和谐社会环境，要通过分配与机遇的平等，建立医疗与教育保障体系，推进政治上的公开与公正，保证社会发展的可持续性。在人类可持续发展系统中，经济可持续是基础，生态可持续是条件，社会可持续才是目的。

可持续发展涉及众多学科，可以有重点地展开。例如，经济学家着重从经济方面把握可持续发展，认为可持续发展是在保持自然资源质量和其持久供应能力的前提下，使经济增长的净利益增加到最大限度。生态学家着重从自然方面把握可持续发展，认为可持续发展是不超越环境系统更新能力的人类社会的发展。社会学家从社会角度把握可持续发展，认为可持续发展是在不超出维持生态系统容纳能力的情况下，尽可能地改善人类的生活品质，等等。

三、可持续发展与乡村景观设计

可持续发展理论最初主要用于约束人们对自然资源的消耗以及对生态环境的破坏，普遍用于渔业、林业、矿业等领域，后来逐渐向农业、景观等领域延伸。可持续发展理论在乡村景观伦理的研究中主要体现在从人类与自然生态系统的可持续发展角度探讨人类对乡村景观的责任和义务，以促进乡村景观文化、乡村景观生态系统、乡村景观规划设计与实施的可持续发展。

对人类来说，以景观组成的生态系统满足了人类自身生存发展的一切所需，因而景观可持续性的意义十分显著。作为景观生态中的重要一环，乡村景观的可持续性也应受到人们的关注与重视。总的来讲，乡村景观的可持续性具有跨学科、跨维度的特征，只有在不同学科与维度之间建立一种和谐的理论体系，才能使乡村景观设计拥有新的面貌。需要明确的是，研究乡村景观伦理的最终目的是实现乡村景观系统与人类社会的可持续发展，而可持续发展理论也为乡村景观伦理明确了研究方向和目标。此外，可持续发展具有自然属性、社会属性、经济属性和科技属性，可最大限度地使乡村景观伦理的价值体现出来。

2.4 景观的美学理论

景观美学是将景观作为审美研究对象，挖掘其中蕴含的美，景观美学研究自然景观、人工景观、人文景观，分析景观由表及里各层面的审美结构，并找出其中对应的形式美、意境美与意蕴美。景观美学运用在乡村景观设计中，将为乡村景观增添美学内涵，使乡村景观更加符合人们的精神需求。

一、景观美的内涵

美学是研究人与世界审美关系、研究审美活动的学科，在 1750 年由德国哲学家、美学家鲍姆加登提出。美学的研究对象就是人类精神文化活动的产物。"景观"从诞生之日起，就与美学息息相关。农业时代，人类的生存环境主要被自然景观围绕，加之科学技术的局限性，人类对于周围的环境充满了神奇的幻想。许多文人雅士在受到尘世之事困扰后往往寄情于山水，将自己心目中经过抽象和美化的自然环境绘在画上，写在诗句中。

从美学的角度来分析"景观"，就是指能够供人观赏的风景。客观存在的风景，要成为景观，一定要具有观赏的价值。简言之，景观即价值风景。景观是美的，景观美具有多样性、社会性、可愉悦性与时空性。景观美的多样性取决于世界的多样性，自然景色、生物、人类活动都有景观美的存在，因而说景观美具有多样性。景观美的社会性主要从人这一美的接受主体上来说，社会的主体是人，景观美的存在总是与社会上人的生活发生联系。景观美的可愉悦性从景观的欣赏价值上说起，只有具有欣赏价值的东西，才能构成景观，大部分景观，只要被人们接触，就能引发人的愉悦情感。正如王长俊先生说的那样："一切景观，在内容上总是有益的，至少是无害的，而在形式上则必定是赏心悦目的。只要不是情感麻木的人，就能触景生情，人的感官就会获得一种满足，从而产生审美的愉悦感。"景观美的时空性是指一切事物都存在于时空之中，景观也是如此，任何景观都必须与时空相连，如景观的动态美就有时空性。

从景观美学的基本理论上看，景观美学是美学的重要组成部分，它以美学理论为基础，是环境美学的重要内容之一，是研究和探讨景观美的形成因素、特征和种类的科学，研究范围涉及所有人工景观、自然景观与人文景观。景观美学的研究涉及诸多学科与领域，包括地理学、建筑学、城乡规划学、风景园林学等，是综合性较强的学科。景观美学在揭示景观美的本质及其发展规律的同时揭示了景观审美关系中的一些基本问题。景观美总是要随着历史的演进，随着人类对经济、政治、文化乃至所有领域的追求而演进。

二、景观美学的主要研究内容

景观美学的主要研究内容包括景观审美类型与景观审美结构。

1. 景观审美类型

目前景观美学对景观审美类型的研究主要集中在自然景观、人工景观、人文景观这三大领域。

（1）自然景观

自然景观就是客观存在于自然界中的景物、山水、生物、熔岩、冰川、天象等，它们是人们观赏的对象，自然物被人们从客观世界转化为自己的主观意象，因而就有了自然美。自然景观本身具有一种自然美的特征，它是自然物的自然性与社会性统一的产物，自然美需要自然物做支撑，自然物的自然属性是自然美的基础。同时，自然美具有多面性，这是因为自然事物本身就是多样的，当然这种自然美多面性的显示，也与欣赏者的心情变化相关。自然美的多面性还表现在自然美具有美丑二重性，这种美丑二重性指自然美既具有美的属性，又具有丑的属性。在一定条件下这两种属性之间能够实现相互转化。总体上，自然景观的美学特性可以归纳为七个方面：一是自然景观的空间尺度要合适；二是自然景观的结构要适量有序，适量有序指的是景观要素与人类认知之间的组合要有一定秩序，但又不能过于死板，只有适量的有序才能实现景观的生动；三是自然景观要多种多样，要具备时间和空间上的多元变化；四是自然景观要保持清洁干净，健康鲜明；五是自然景观要具备自然的幽静、静美；六是自然景观要具备运动性，运动性包括景观的移动自由与景观的可达性；七是景观要具备持续性、自然性。

自然景观并不是与生俱来便具有自然美，需要人们对某些自然景观进行适当的美化，这样才能让自然景观更加符合人们的审美需要。自然景观的美化可以分为物质层面的美化与精神层面的美化。

物质层面的美化主要有两种办法。一种是改变自然物的面貌，改变自然物的面貌能够使自然物在人们心中退却刻板面貌，从而使其旧貌换新颜。另一种是改变自然物的性格，也就是将自然物进行拟人化处理，并且这种性格的改变主要针对的是动物。对于自然景观中的动物来说，改变它们的性格，让它们以更加温顺的状态与人相处，以呈现出人与自然和谐相处的美好景观画面。

精神层面的美化。对自然物进行精神层面的美化可以采用三种方法。一种是将自然物当作象征物，通过象征这一手段来暗示某种意义，如竹子、梅花象征高尚的气节。另一种是为自然物注入神话色彩，如果一处景观被人们赋予了美好的传说，那么它就会变得更加吸引人。还有一种做法是为景观起一个特别的名字，一个美好而有诗意的名字会使人们产生联想与想象，让景观更加吸引人。

（2）人工景观

人工景观就是由人创造的景观，"人工"是相对"自然"而言，园林、城市建筑、民居都是人工景观。景观美学研究的人工景观是视觉文化，是具象的、物质的。人工景观的特点主要体现在人工性、实用与审美结合两个方面。人工性是人工景观的核心，失去了人工性，人工景观也就不复存在。实用与审美结合是因为人工景观的主要类型是建筑，建筑本身就是实用与审美的结合体。人工景观存在园林、都市、民居三大研究分支，这些分支的研究对景观美学体系的构建非常重要。

（3）人文景观

人文景观是指在自然景观的基础上叠加人类的美学观念和价值观念，并且能够体现人类精神的景观，人文景观是人和自然之间相互作用的结果。作为一种景观，人文景观能够直观看到具体对象，如一件雕塑。人类长期的社会实践活动创造了丰富的物质文明与精神文明，这些东西被人们妥善保存至今，有着艺术价值或历史文化价值，而其作为历史遗迹或历史的见证，更有着丰富的历史文化内涵，这便是人文景观。因此，人文景观可以定义为那些具有较高历史价值、文化价值与美学价值的人类实践成果，是历史文化的精髓。人文景观与其他景观一样，具有美感作用与娱乐作用，人们欣赏人文景观，在不知不觉间就能被熏陶，从而提高自身的审美。人文景观与人工景观的区别在于它们有不同的历史文化价值。一般来说，人文景观是在人类文明史上具有一定存在价值的景观，人工景观中有一部分可能在人类文明史上具有一定存在价值，被人们记住，但也有很多随着时间的流逝而被人们遗忘。

另外，人与自然的互动形成了人文景观。人文景观有特定的物种、特定的格局及特定的交互过程，呈现出的景观破碎度高，偏向于直线型结构，这使景观比较脆弱，比较容易受到外界的影响和破坏，所以必须增强人为的管理。目前来看，在人为的管理下，很多具有不同历史特征的人文景观得以保留，体现了人类长久以来的各种发展变化进程。通过现代的方法，将人文景观变成了地区性的精神文化代表。最终，一个景点呈现出以人文景观表现为主的特点，纯粹的自然景观较少。

2. 景观审美结构

目前景观美学对景观审美结构的研究分为表层审美结构、中层审美结构和深层审美结构三种，它们分别对应景观美学中的形式美、意境美和意蕴美。下面将结合景观美学中的形式美、意境美和意蕴美对景观审美的结构层次进行论述。

（1）表层审美结构

景观的表层审美结构是主体知觉抽象与建构出来的景观内在的一种系统属性、关系系统、稳定的秩序与有机形式。任何一个景观，其结构都是独特的。景观表层审美结构的基本单位是表象，它是人类认知活动与审美活动的基础形象，是经过感知的客观事物在人头脑中再现出来的形象。景观的表层审美结构的目的是构建景观中层审美结构。

景观的表层审美结构的独立审美价值表现在形式美上，景观形式美的产生源于景观具有的表层审美结构，主要表现为悦耳悦目的感官快乐。构成形式美的物质基础是自然物质的属性，不同材料既有不同特性的形式美，又存在某些共性，如点、线、面、体等物体存在的基本空间形式，以及冷暖色彩、振动声波等人类对物体的感知方式。从各部分之间的关系来看形式美的组合规律，包括整齐一律、对称平衡、多样统一等，整体来看，主要是多样统一。整齐一律能体现统一有序的洁净美、严肃美，表现一定的气势，但因缺少变化，难免显得单调沉闷。对称平衡既保持了整齐一律的长处，又避免了完全重复的呆板，给人庄重、沉静之感，不过，完全对称的平衡，仍然是同多异少、活力不足，一般只宜表现静态美。多样统一是形式美规律中最高级的表现形式，是和谐的最完美体现，多样统一能将各种大小、高低、长短、曲直、粗细不一的个体，以动静交替、虚实相生、急缓相间、疏密有致的形式组合成一个整体，从而有效避免景观破碎化。

（2）中层审美结构

景观中层审美结构是将表层审美结构经过主体的统觉、想象与情感作用建构起来的审美幻境表现为景观的艺术形象，即意境。同时，意境也是景观的真正审美对象。景观中层审美结构以审美意象为基本单位构成，是一个审美意象系统。

意境是群体意象生成的幻境，景观中层审美结构从系统构成上来说是意象系统，从表现形式上来看就是意境。

景观中层审美结构具有自己独立的审美功能，由此生成了意境美。意境的构成包含"意"与"境"、"情"与"景"这样两对相辅相成的要素，"意""情"属于主观范畴，"境""景"属于客观范畴，因此意境是主观与客观相结合的产物。意境的表现，即情景交融，是美学上的能引起心灵共鸣的最高艺术境界。具体来说，意境之所以能引起强烈的美感，是因为意境中的形象集中了现实美的精髓，抓住了生活中那些能唤起某种情感的特征，也就是寄托在意境中的创作者的感情。此外，意境中的含蓄能唤起欣赏者的想象。意境中的含蓄，是以最少的言辞、笔墨表现最丰富的内容。利用含蓄给欣赏者留有想象的余地，使欣赏者获得美的感受。对欣赏者而言，美的感受因人而异、见仁见智，不一定都能按照创作者的意图去欣赏和体会，这正说明了一切景物所表达的信息具有多样性和不确定性，意随人异，境随时迁。设计者通过对美的要素进行精心选择与提炼，注入自己的思想感情，使作品成为一种被浓缩的符号，并通过欣赏者的解读得以释放。意境的把握大多体现在静态空间的设计中。

景观意境美不同于表层形式美的悦耳悦目的感官愉悦，是心居神游所带来的赏心悦目、心情愉悦。它的独特性表现在四个方面。第一，景观艺术与其他艺术相比最大的特点就在于其物境与意境的高度契合。树木、道路、池水、峰石、山体、桥梁设施等，都是实体形式，都可以成为物象，由此构成的物象系统所形成的客观物境，是一种实际存在的时空之境，与意境具有先天的契合性。第二，身心合一。物境是人的身体可入之境，意境是人的心神可入之境，二者在景观中高度契合，使人感同身受。其他艺术如果要构筑理想的世界，只能通过艺术幻象间接实现，而景观艺术则是在现实世界直接建构实现的。第三，亦幻亦真。景观是精心设计的结果，其物象往往超乎常人想象，在某种程度上景观物境本身已经具有了幻境超常、神秘、集美的特点，其本身已经将创作者内心的幻境转化为实境，欣赏者无须太多的幻想补充，就能体会其中的妙处。第四，易于感知。前面已经提到景观可以达到物境与意境的高度契合。景观物境的高度完善又使之与意境联系紧密，物境本身结构的强烈指引性，使主体不需要太费力地想象，就能生成意境，尤其对大众而言，易于提升感知力。

（3）深层审美结构

景观的深层审美结构由中层审美结构转换生成。景观的深层审美结构是一种特征图式，特征是其基本单位。特征是事物或现象特性的外在标志，是组成本质的个别标志，在景观中表现为一个细节、一个元素、一个场景等物象形态。设计师的创作灵感往往是由客观事物的形式特征引发的。对特征的感知依赖于人的知觉，这种现象称为知觉的特征原则。已知景观深层审美结构的内在系统以特征为基本单位构成，其中包含多个独立的意象特征在特定艺术语境指引下进行整合。语境是人为设定的特征系统的内在秩序，它能够让原来并不统一的意象特征相互建立联系，共同构成一个有机的特征结构。语境通过对特征群进行同向强化、异向强化等规约作用，将各种意象特征建构成相互关联的意象特征系统，从而形成景观的整体特征，构成作品特征图式这一深层审美结构。这样看来，创建特征系统是深层审美结构形成的关键。

景观的意境特征与心理图式产生同构契合，生成特征图式，激发主体心灵图式蕴含的情感体验原型，生成具体的、个人的、当下的情感体验，也就是意蕴。景观在表面形象背后，存在某些特殊的结构，这种深刻意蕴能够激发观者生发丰富思绪，给人无尽的遐想，这些感受、情思、体味就是景观激发出来的审美意蕴，人们由此获得一种被称为"意蕴美"的精神愉悦。意蕴虽然能够给人带来美妙的审美体验，但其内容常常又是模糊而朦胧的，人们能够感知它的存在，却无法将其用语言明确表达出来，即所谓的"只可意会，不可言传"。景观意蕴的特性表现为四个方面。第一，景观意蕴是对整体结构的感知结果，而非对个别意象审美的结果。如中国园林深邃、悠远的意蕴是园林整体结构的表现，而非单一池水、峰石、花木、建筑的个别表现。第二，景观意蕴是主体知觉想象体验的结果，主体生成的主观的内容，是双重建构的结果，而不是通过推理与判断得到的，不是客体自有的附加的意义。第三，景观意蕴是深层的，非个别的、局部的、浅显的、感性的，是认知内容以外的宏大、深邃内涵，指向人生境界和精神内涵，引发生命感、历史感、宇宙感，具有人性的普遍意义。第四，景观意蕴是抽象的，是作品表面含义之外的、语言难以表述的部分。

在深层审美结构中，景观意蕴的指向主要表现在三个方面，即生命意识、关于社会与文化的历史意识、关于人类存在环境的宇宙意识。第一，生命意识探讨的生命问题是人类永恒的话题，自文明出现以来，人们就对它进行着孜孜不倦的探求。生命意识可以表现为一种自觉意识，一种力量、意志与不朽的体现，一种与生俱来的孤寂感，以及人格意识。第二，关于社会与文化的历史意识。这种意识在景观中形成，一是靠表现（主要是客体结构的表现），二是靠积淀，如一些反映重大历史事件的景观遗迹。第三，关于人类存在环境的宇宙意识。人是宇宙的一部分，无论是艺术还是科学，都在对宇宙进行探讨。宇宙意识融入了景观设计，表现在中国园林中，宇宙意识以无限广大和将天地万物笼罩其中为特征，对

"天人之际"加以表现。以园林为代表的中国景观以种种动势反映出无时无处不在的极为丰富和谐的宇宙韵律。

三、景观美学与乡村景观设计

乡村景观是人们为满足自身需要而创造或保护的具有审美意象的事物，它将自然之美与人文之美沟通结合在一起。美是乡村景观中孕育的一种哲学理念，是一种生活乐趣。乡村景观的美与老子的道家思想密不可分，与道、气、象、虚、实、虚静等都有一定的联系。道家思想中蕴含了人与自然的伦理关系和规律。无论是西方美学还是中国美学，都有助于探寻乡村景观的伦理内涵和价值。

乡村景观是景观的一个分支，以景观美学为基础理论，具有景观的美学特征。景观美学在乡村景观设计中的应用主要表现在三个方面。第一，景观美学从美学层面为乡村景观设计提供理论指导。由于我国各个地区的乡村并不相同，景观风貌各异，所以乡村景观设计要尊重自然，考虑乡村的地域景观特征。在关注人们主观审美体验的同时，也要突出自然环境本来的美。乡村景观设计要深入挖掘乡村自然景观与人文景观，将乡村景观的独特性找出来，实现乡村景观设计的特色化，避免与其他地区的乡村景观设计同质化。第二，景观美学在乡村景观设计与外来旅游者之间建立起情感上的契合。乡村景观设计中有了代表乡村的文化元素，也就构建起乡村特有的审美文化场域，能使游览者感受到乡村的美好。第三，景观美学应用到乡村景观设计中，不仅让乡村具有景观美，同时也让乡村实现了对美的创造，从而带给人们归属感与认同感。

此外，在对乡村景观进行设计时，应该让乡村景观体现出时代背景下特有的美。因为每一个时代的审美标准都不尽相同，存在于时代条件下的景观都是特定时代的产物，所以设计出符合时代审美需要的乡村景观是景观美学研究的首要目标。

2.5 乡村景观活态传承的理念与方法

一、乡村景观活态传承的理念

在乡村景观保护与发展建设的过程中，倡导对乡村传统文化"活态传承"的理念与方法，对传统村落保护与整体性的可持续发展将会起到积极的促进作用。传统村落"活态"的传承方式相对于"静态"的传承方式具有本质上的区别。活态传承的外延在当下可以进一步深化与拓宽，我们可以将"活态传承"从广义和狭义两个方面进行理解和认识。狭义的"活态传承"是指在非物质文化遗产生成发展的环境当中以传承人的方式进行保护和传承，强调非物质文化与文化技艺传承人的关系，使非物质文化遗产得以传承与发扬光大；广义的"活态传承"是指在人类发展的不同阶段，以满足人的生产生活需求为目的，在与时俱进理念的指导下，对文化遗产运用保护与可持续发展的传承方式。广义的活态传承可以是针对物质与非物质两方面的文化遗产的融合性传承，具有整体性、有机性、动态性、时代性的特质，强调在物质与非物质领域的深度和广度上拓展活态传承的内涵和方式，打破单一形式的界限。

二、乡村景观活态传承的方法

乡村景观的活态传承可以从宏观、中观和微观三个方面认识与理解，以此深化和推进传统村落的保护，向可持续发展建设的目标迈进。

1. 宏观层面的活态传承

运用村庄规划设计的方法将具有物质文化属性的地形地貌形态、村落肌理形态、河湖水系形态、农田植物形态、景观视廊形态等宏观层面的传统村落景观形态领域，与具有非物质文化属性的自然观、宗教、艺术、哲学等精神文化相互联系与作用，构成宏观层面的有机整体，实现乡村传统文化的活态传承。

2. 中观层面的活态传承

运用对村庄建筑风貌保护、街巷活力复兴、场所环境体验等专项设计方法，将具有物质文化属性的民居建筑形态、街路骨架形态、空间场所形态等中观层面的传统村落景观形态领域，与具有非物质属性的自然观、文化习俗、传统技艺、实践经验等精神文化相互联系与作用，构成中观层面的有机整体，实现乡村传统文化的活态传承。

3. 微观层面的活态传承

运用对乡村传统器物的保护、更新与再利用的设计方法结合民宿生活文化活动，将具有物质属性的人居场所中的家具、农具、工艺品等生活器物和装饰纹样形态等微观层面的传统村落景观形态领域，与具有非物质属性的生活方式、技艺方法、礼仪活动、实践经验等精神文化相互联系与作用，构成微观层面的有机整体，实现乡村传统文化的活态传承。

以上三个层面的乡村景观活态传承的有机构成具有共同体的特征，体现出物质形态与精神文化的一体性和关联性，所以传统村落的景观保护与发展，不只是外在物质形态的保护和延续，更是由表及里整体性保护的发展。乡村景观作为农耕文明宝贵的文化资源和传统文化的重要组成部分，要以整体性保护与发展建设为切入点。在保护与发展方面要秉承有机融合、活态传承发展的原则与规律，充分认识保持景观形态原真性的生命基因是可持续发展的基础。从宏观、中观和微观三方面入手进行整体性的活态传承保护与发展建设，整合乡村物质与非物质文化传统资源，系统性地保护具有乡土特色的景观形态特征与文化风貌，将在乡村经济发展与产业转型升级中创造出新的价值。

第3章 乡村景观设计的方法

3.1 乡村景观设计的目标

乡村景观具有独特的乡村形态、乡村内涵，会产生特定的景观行为。乡村景观一般呈聚落形态，由小的比较分散的农舍和比较聚集的提供生活必需品的集镇构成，整个区域的人口密度比较低，土地使用比较粗放，呈现出明显的田园特点。

乡村景观规划遵循景观学原理，目的是解决与景观相关的经济问题、生态问题、文化问题。在景观规划的过程当中，应该合理建设、协调景观资源和建设目标之间的关系。通常来说，开展乡村景观规划，需要先了解乡村景观的特征及景观的价值。在此基础上，通过景观规划，降低人们对乡村环境产生的不确定性影响，然后根据景观的主要特征，以及地方的文化和经济景观发展进程，将景观的自然特性、经济特性、社会特性进行整合，形成景观系统。

乡村景观规划需要考虑自然景观的生态、特色及功能，结合经济及社会文化的需求，对自然景观资源进行合理、高效的利用，即对乡村的自然生态环境进行合理的优化。要在不破坏景观的前提下，对景观内部的人类活动做出科学合理的规划，实现乡村景观的可持续发展，即对乡村内部的农业生产活动进行合理安排。在不破坏当地自然景观和建筑特色的基础上，对生活民居建筑进行合理的设计。

所以，在进行乡村景观设计的过程中，需要对乡村的自然环境进行合理优化，对农业生产活动进行合理安排，对人们生活民居建筑进行合理设计，有效地协调三者之间的关系。通过乡村景观设计创建人类生产生活和自然景观和谐发展的局面，实现乡村景观和乡村经济与文化的可持续发展，这是乡村景观规划设计的基本目标。

3.2 乡村景观设计的原则

一、可持续发展原则

实施可持续发展战略，走可持续发展之路，是乡村发展的自身需要和必然选择，这也是乡村景观设计中重要的规划原则。对于乡村来说，可持续发展的核心是发展，在发展中协调和解决好资源、经济和环境等问题，实现乡村景观资源的可持续利用。

二、城乡一体化、资源合理化配置原则

城乡一体化是指实现城乡之间资源、信息、技术、资金的流通，摆脱城市对乡村资源单方掠夺式的发展，形成工业—农业互补互惠的同步发展模式。

城乡一体化中，城市的发展不能以牺牲乡村的发展为代价，乡村的资源不能只是单一地为城市服务，城市工业也要反哺农业，要做到发展的均衡和资源的合理分配。乡村有自身的资源优势和文化优势，这些优势本身就可以转化为发展的资源，如绿色经济、乡村旅游、有机农业、观光农业等，这些产业都有着极大的发展潜力。城市有其自身的技术优势、智能优势、资金优势，可以从技术、智能和资金上对乡村进行扶持。在可持续发展的战略目标下，高耗能、低产出的产业必将被淘汰，乡村也应在经济发展中注重产业类型的可持续性。

要深入挖掘乡村资源，包括以农业生产为核心的文化资源、人力资源、土地资源，挖掘农业的边际效益和溢出价值，进行合理开发、综合利用。同时要注重乡村景观资源价值的利用，随着社会的发展，文化经济已经成为社会发展的重要引擎，要对乡村的景观资源进行综合开发和利用，发挥乡村的文化优势。中国传统村落的种类和内涵丰富多彩，且真正承载、体现和反映中华农耕文明精髓和内涵的就是这些传统的村落。

三、整体设计原则

在开展乡村景观设计中，应当遵循整体设计原则，其主要是由两方面决定的：一是乡村本身就具有整体性的特征，二是乡村景观设计性质的要求。

首先，乡村是一个和谐的有机整体，这种整体性体现在生态整体性、文化整体性和风格整体性三个方面。

生态整体性体现为乡村景观是一个完整的生命系统，组成景观系统的各个要

素不是各自独立、互不相关的。景观的各个要素是在整体的约束下相互作用、相互制约，才形成了景观的整体结构和功能。这种整体性表现为水平关系的整体性和垂直方向的连续性。

文化整体性表现为人文过程的可持续性。一个乡村在发展过程中会形成居民之间的文化认同，包括语言、风俗习惯、思维和行为模式，以及生产方式。对于某一地域而言，这种文化认同具有空间性，同时也具有时间的连贯性。

风格整体性指文化的视觉形象的一致性和可比较性，如建筑形态、服装、色彩、饮食等，这些外在视觉形象构成了不同地域的物质形态。它们彼此之间相互联系、相互影响，体现了一种和谐与完整。

其次，乡村景观设计要把乡村各种景观要素结合起来，作为整体考虑，从景观整体上解决乡村地区社会、经济和生态问题。这决定了乡村景观规划不是某个部门单独能实现的，而是众多利益部门共同协作完成的。因此，在规划中，不仅要考虑空间、社会、经济和生态功能上的结合，而且要考虑与相关规划的衔接，只有从整体设计的角度出发才能真正确保乡村的可持续发展。

四、保护生物和景观多样性原则

乡村地区是生物和景观丰富的区域。依据独立景观形态分类，乡村景观类型包括乡村聚落景观、网络景观、农耕景观、休闲景观、遗产保护景观、野生地域景观、湿地景观、林地景观、旷野景观、工业景观和养殖景观等十一大类。乡村景观具有多样性特征，是生物和景观（含自然景观和人文景观）多样性保护的主要场所。在乡村景观改变和设计中，保持文化和自然景观的完整性和多样性，保持、提高乡村景观的生态、文化和美学功能，是必须坚持的一条基本原则。

五、以人为本原则

乡村景观是展现乡村生产生活的景观，人是乡村景观中最为关键的主体。从使用者的角度来考量乡村景观的设计与营建，首先要考虑村民的使用需要与心理需要。在满足使用需要方面，要对村落整体的空间结构层次、景观的布局、交通路线的组织有整体性的把握，以满足村民对生产生活的需要；在满足心理需要方面，要尊重当地的传统文化，吸收、发展、弘扬其中优秀的部分，在文化层面上通过乡土景观重塑乡村的乡土意境，强化村落的地域特征，突出村落的可识别性，增强村民对本村落的认同感与归属感。

六、生态优先原则

自然生态环境是孕育乡村聚落的摇篮，乡村聚落与自然生态环境的联系紧密，这决定了乡村的乡土景观设计与营建必须遵循生态系统的平衡和自然资源的再生循环规律。坚持生态规律优先、生态资本优先和生态效益优先的基本原则，保护自然生态环境是营建乡土景观的重要方法与内容。生态优先是引领乡村景观健康发展的重要前提。作为人类生存发展直接支撑系统的水圈、大气圈、土壤圈、生物圈等地球生态系统具有不断自我平衡和自然进化的自循环作用，乡村景观的设计与营建正是要顺应这种自然生态的规律。

七、因地制宜原则

因地制宜是在营建乡土景观的过程中根据各地的具体情况，制定适宜当地条件的景观设计与营建办法。中国乡村自然环境与人文环境的多样性，决定了在营建乡土景观的过程中必须遵循因地制宜的原则，对不同地域的村落给出不同的设计方案，这样才能确保乡土景观具有明确的地域特征与可识别性。强调因地制宜不仅体现在不同地域之间的景观差异上，在同一地域内，也应当根据对象的实际情况予以区别对待。乡土景观归根结底是植根于乡村聚落而产生的一种居住性景观，故应将乡村景观与设计对象的生态环境、历史文化遗产、经济发展方式、居民生活方式有机地结合起来，以避免出现千村一面现象，使乡土景观与村落居民和谐共存。

八、可识别性原则

可识别性是指事物能有效地被人们所认识和辨别。乡村景观设计要突出展示建筑形态、比例空间、色彩材质，通过对这些要素进行合理设计，使乡村景观具有鲜明的特色，具有自己的主题与特征，从而更有利于形成乡村景观的可识别性。

乡村景观的可识别性以地域为尺度，强调地域的差别性。要注意的是，在强调乡村景观应坚持可识别性原则时，还要保证乡村内部之间具有统一之下的差异、协调之下的对立，也就是要符合乡村景观设计的整体性原则。

九、公众参与原则

乡村景观设计不仅仅是一种政府行为，同时也是一种公众行为，主要是因为乡村景观更新的受益主体是广大乡村居民。乡村景观规划只有得到乡村居民的广泛认同，才有实施的价值和可能，因此乡村景观规划必须坚持以人为本、公众参与的原则，这不仅体现在主观认知上，更重要的是落实在规划方法上。

十、经济发展原则

乡村是重要的经济地域单元，它承载着农村经济发展的希望。乡村的形态不同，作为经济地域单元的社会功能也不同，所采取的乡村景观资源利用方式以及人对自然的认知程度也不同。从总体而言，受农业技术、自然条件、自然资源禀赋、经济发展程度以及文化、风俗等多种因素的影响，农村经济的粗放性和低效性都是乡村经济发展的制约因素。目前，农业仍是乡村经济的主体，在乡村景观规划设计中，必须保持农业的完整性，促进人工生态系统建设，发挥乡村景观资源的农业生产功能。同时，面向美丽乡村建设，优化乡村交通廊道设计，大力发展乡村工业，建立乡村物流中心，促进乡村产品的市场流通。在保护乡村环境的前提下，全面推进乡村经济的可持续发展，是乡村景观规划设计中应该坚持的基本原则和出发点。

十一、文化保护原则

乡村文化体系是具有相对独立性和完整性的地方文化，是乡村发展过程中传承下来的文化遗产。乡村文化的不间断的传承性，是乡村文化得以保存的根本。它反映特定社会历史阶段的乡村风情风貌，是现代社会认识历史发展和形成价值判断的窗口。在乡村景观设计过程中，能否挖掘和提炼出具有地方特色的风情、风俗，形成乡村景观意象，并恰到好处地表现在乡村景观营建中，是决定乡村景观设计成败的关键。在乡村景观规划中，切忌人为地割裂乡村文化发展脉络，必须重视当地居民的文化认同感，践行文化保护原则。

十二、景观美学原则

乡村景观不同于城市景观，它既具有自然美学价值又具有文化美学价值，因此在整体规划上必须符合美学的一般原则。

在设计中，要通过景观规划更好地体现乡村景观美学功能，最大限度地维护、加强或重塑乡村景观的形式美。美学的一般原则，主要包括韵律、比例、均衡三个方面。

1. 韵律原则

韵律是乡村景观元素有规律重复的一种属性，由此可以产生强烈的方向感和运动感，引导人们的视线与行走方向，使人们不仅产生连续感，而且期待连续感所带来的惊喜。在乡村景观中，韵律由非常具体的景观要素组成，是将一种片段感受加以图案化的最可靠手段之一，它可将众多景观要素组织起来并加以简化，从而使人们产生视觉上的运动节奏。

2. 比例原则

比例是指存在于整体与局部之间的合乎逻辑的关系，是一种用于协调尺寸关系的手段，强调的是整体与部分、部分与部分的相互关系。当一个乡村景观构图在整体和部分尺寸之间能够找到相同的比例关系时，便可产生和谐、协调的视觉形象。在造型艺术中，最经典的比例是黄金分割，即部分尺寸与整体尺寸之比为0.618：1。但在乡村景观空间规划设计中，常用多种方式处理景观要素的比例问题，其中最为常用的是通过圆形、正三角形、正方形等几何图形简明又确定的比例关系，调整和控制景观空间的外轮廓线以及各部分主要分割线的控制点，使整体与局部之间建立起协调、匀称、统一的比例。

3. 均衡原则

均衡是一种存在于一切造型艺术中的普遍特性，它创造了宁静，防止了混乱和不稳定，具有一种无形的控制力，给人安定而舒适的感受。人们通过视觉均衡感可以获得心理平衡，而均衡感的产生来自均衡中心的确定和其他因素对中心的呼应。由于均衡中心具有不可替代的控制和组织作用，在乡村景观规划设计上必须强调这一点，只有当均衡中心建立起了一目了然的优势地位，所有的构成要素才会建立起对应关系。

十三、开放性原则

乡村景观的开放性是指景观系统的生态开放性、非平衡性和景观资源使用的平等性。按照生态学系统论的观点，景观是一种通过物质、能量、有机体、信息等生态流而形成的复杂系统。景观的结构特征是景观中物质、能量、有机体等空间异质分布的结果，是一种依靠不间断的负熵流维持其功能和特征的开放的非平衡系统。这种非平衡系统具有自组织性。熵是系统无序程度的量度，是系统不可逆性和均匀性的量度。系统的最终状态趋向均质化，是一种熵增过程，任何系统要维持一定的组织结构，必须存在一定量的负熵流。物质和能量的输入成为景观结构复杂性的第一决定因素，同时也决定了景观功能的潜力。景观资源的平等性是指人作为景观的参与者和使用者具有均等的权利。

乡村景观是所有人享有的开放的用于公共交往的领域。乡村景观规划就是要创造这种开放性的领域，满足村民进行交往的社会需要。这种开放性体现为社会的平等性和民主性，在景观规划设计中主要体现为享有空间资源的平等性。由于社会化程度的提高，乡村景观也逐渐由内向型转为外向型，体现在空间结构上为开放性和共享性的增强。乡村不再具有实在的围墙、沟壑，而是提供了更多供大众活动的开放环境和公共空间，增进了村民之间的沟通和联系。乡村景观也向外面世界展现出开放的姿态，这种开放不仅是资源的开放，更是资源利用的合理分配。

传统乡村大多是封闭的、内向的，每一家都有独立的院墙，乡村的公共空间少。乡村的范围小，人际交往的频率高，具有很强的地缘关系。人们的彼此交往可以促进形成对乡村的认同感、归属感和安全感。因此，乡村的景观规划设计要适当增加开放性，创造更多的户外活动空间和公共环境，容纳和鼓励村民进行户外活动。开放空间的设计要考虑如下问题。

第一，开放空间设计要注重开放空间系统布局。一个良好的乡村环境应是由宏观、中观、微观不同层次的开放空间共同组成的，它们在形态上表现为点、线、面的特性："点"是指微型公园、街头绿地，道路交叉口、小公共空间等节点空间；"线"是步行街、林荫道等线形空间；"面"是指中心公共空间、码头等面状空间。乡村景观设计在设计以上开放公共空间时要从定位、定量、定形、定调四个方面来把握。

第二，开放空间设计要注意塑造空间的"人性化"。在塑造开放空间环境时，应满足人们的生理、心理、行为、审美、文化等方面的需求，以达到安全、舒适、愉悦的目的。注重相应的尺度，增强空间的协调感和认同感；强调参与性，环境设施不应仅具有观赏性，更应创造条件让人们活动，使审美、参与、娱乐相互渗透与结合；同时提倡开放性，建筑总体应打破"画地为牢"的固有思维，拆除不必要的围栏护墙，还空间于公众。

第三，开放空间设计要注意促进交往。在营造开放空间时，应考虑促进人们的交往这一目的，包括提供良好的景观条件、场所及环境供人们休息、交流。环境要向心围合，此外，场所应保证有充足的阳光，适应季节变换。

十四、设计引领原则

设计引领是针对乡村景观长远发展而提出的一个重要营建原则。设计引领包括两方面内容：一是针对乡村发展进行长远规划与顶层设计，用规划蓝图规范和引导乡村景观建设的方向，使建设工作有目标、有方向、有步骤地有序开展；二是发挥设计在乡村景观建设中对村民的引领作用，村民作为乡村的主体，对当地的自然环境、人文历史背景、居民需求的了解都有着深刻的认识与基本诉求，发自内心地希望世代生活的村庄建设得更加美好，这就要求设计师以专业的水准和要求引导村民参与到乡村景观营建过程中来，逐步提高村民对当地风土人情的审美认知，提升村民对保护历史文化遗产的责任感，加强村民对乡村景观营造相关知识与技术的理解，要促使村民不仅作为乡村景观的使用者，更能成为乡村景观的营造者，提高村民对乡村景观的认识高度，使村民具有参与乡村景观建设与维护的能力和积极性，使乡村景观在之后的使用过程中，得到保护、延续，以及更新与发展。

3.3 乡村景观设计的程序和方法

一、乡村景观设计的程序

乡村景观规划既是对现行村镇规划的补充和完善，又具有相对的独立性，既具有一般景观规划必备的程序与步骤，也有其特殊性。针对不同地域，规划程序中的具体步骤会略有差别，但总的规划过程大体是相同的。乡村景观规划程序一般包括以下七个阶段。

1.委托与前期准备

（1）委托

当地政府根据发展需要，提出乡村景观设计任务，包括设计范围、目标、内容以及提交的成果和时间，并委托有实力和有资质的设计单位进行规划编制。

（2）前期准备

接受设计任务后，规划编制单位从专业角度对设计任务提出建议，必要时与当地政府和有关部门进行座谈，进一步明确规划的目标和原则。在此基础上，起草工作计划，组织规划队伍，明确专业分工，提出实地调研的内容和资料清单，确定主要研究课题。

2.确定乡村景观规划范围

根据乡村景观的基本特征及景观规划的完整性和一体性，对县级建制镇以下的广大农村区域所作的景观规划皆属于乡村景观规划的范畴，其具体范围一般为行政管辖区域，也可根据实际情况，以流域和特定区域作为规划范围。按照规划任务可以分成六类，具体包括：①乡村景观综合规划设计；②以自然资源保护为主的规划设计；③以自然资源开发利用为主的规划设计；④农地综合整治规划设计（农地整理规划设计）；⑤乡村旅游资源的开发、利用和保护的规划设计；⑥乡村聚居和交通的规划设计。

3. 乡村景观资源利用状况调查与分析

乡村景观资源利用状况调查与分析，既是乡村景观合理规划的基础，又是乡村景观规划的依据。在进行乡村景观规划时，乡村景观资源利用状况调查与分析是一项重要内容，通常作为一个专题进行研究。

（1）乡村景观资源利用状况调查分析的资料收集

在进行乡村景观设计与规划时，需要深入调查分析乡村的景观资源及资源的利用情况，主要涉及以下三个方面的内容。

第一，乡村土地的使用现状和历史资料。其资料包括土地使用状况分析数据、土地变更数据、土地利用概括图、土地使用权属图、土地档案及土地相关的利用研究报告等。

第二，乡村景观主要资源资料。其资料包括区内资源的具体地理位置、土壤和植被的具体资料、乡村气象气候相关资料、乡村地形地貌相关资料、乡村以往自然灾害资料、矿产资源资料、乡村的水文资料等。

第三，乡村人文资料及社会经济资料。人文资料包括乡村的文化资料、风俗资料、人文景点分布资料、人文背景资料等。社会经济资料包括乡村行政组织资料、人口情况资料、乡村国民经济的统计资料、乡村经济及社会发展计划资料、乡村地理位置资料、乡村交通情况资料、村镇分布资料、历史发展演变资料等。

（2）乡村景观类型、结构与资源特点分析

①乡村景观类型与结构分析

在收集基础资料的基础上，辅之以区域路线调查和访谈，详细掌握区域乡村景观的类型，包括乡村自然资源、人工景观资源和文化资源的类型，并分析其数量、质量和价值以及在空间上的表现形态等。

②乡村景观资源的特点分析

根据自然、社会经济、文化等层面的宏观分析，明确乡村景观资源的优势、分布与开发利用前景，同时分析乡村景观资源开发利用中的问题，以及对乡村景观可持续利用管理、乡村人居环境改善、自然保护等因素的限制作用，其中着重强调现有乡村景观利用行为对乡村景观资源保护与升值的利与弊。

（3）景观空间结构与布局分析

景观空间结构与布局分析可以采用两种方式：一是按照景观斑块—廊道—基底模式分析；二是按照乡村景观资源，特别是土地利用的空间与布局进行分析。

①按照景观斑块—廊道—基底模式分析

以景观斑块—廊道—基底模式展开分析，以景观单元作为划分标准，对区域内的斑块信息、廊道类型、廊道性质、空间分布、基底之间的作用关系进行调查和分析，通过分析结果判断出景观的敏感区域、景观的类型，为景观规划提供参考。

②对土地利用的空间与布局进行分析

对土地的空间结构和空间布局展开分析，可以将土地的使用现状作为分类标准，对土地的使用类型、使用数量、使用比例及使用空间展开整体分析，主要包括耕垦土地、森林用地、园地、放牧用地、居民居住地、矿产用地、水资源用地及未经开垦利用的土地，还要分析土地将来的使用权力，为土地的使用提供全面的分析数据。

（4）景观过程分析

景观过程是生态学名词，指景观格局在时、空尺度上的连续或非连续性变化。它对景观格局变异、景观主体功能具有强烈影响。按照景观功能的人文、生态和文化因素，可将景观过程分为以下五种类型。

①景观的破碎化过程

景观的破碎化过程主要受人类活动的影响，指的是人进行的系列活动使景观破碎化的过程。人类活动，如公路、铁路、渠道、居民点建设，大规模的垦殖活动，森林采伐等都是引起景观破碎的因素。另外，自然干扰，如森林大火，也是引起自然景观破碎的因素之一。现在，景观破碎化过程主要是由人为因素引起的，其对区域的生物多样性、气候、水土平衡等产生了巨大的影响，也成为引发许多生态问题的主要原因之一。景观破碎化过程，包括地理破碎化和结构破碎化两种过程，可以在同一比例尺下、同一景观分类标准下，根据不同时段的景观图，采用多种景观指数进行综合分析。在此基础上，可以根据不同景观类型的性质，分析景观破碎化过程对规划区景观结构和功能的影响。

②景观的连通过程

景观的连通过程本质上与景观的破碎化过程是相反的。景观连通过程对景观的经济、生产和生态功能具有重大的作用，与景观破碎化有相同或相似的功能效应。景观的连通过程可以通过结构连接度和功能连通性的变化进行判断。

结构连接度是斑块之间自然连接程度，属于景观的结构特征，可以表示景观要素，如林地、树篱、河岸等斑块的连接特征；功能连通性是测量过程中的一个参数，是相同生境之间功能连通程度的一个度量方法，它与斑块之间的生境差异呈负相关。景观通过斑块的连通性变化，在某些情况下能引起景观基质的变化，可以逆转区域生态过程直至产生重大的环境变化。

③景观的文化过程

我国乡土文化源远流长，沉淀着中华文明的文脉，而且随地域不同呈现出不同的文化和风俗，具体体现在区域的文物、历史遗迹、土地利用方式、民居风貌和风水景观上。通过调查分析和访谈，发现具备当地地方特征的乡土文化和风俗的表现形式，有意识地在乡村景观规划中加以保护，并结合乡村景观更新进行科学的归纳和抽象化，按照与时俱进和保护发展乡土文化的基本原则，以适当的形式在景观规划中进行表达，这对体现乡村景观的地方文化标志特征、增强乡村居民的文化凝聚力和提高乡村景观的旅游价值具有重要的作用。

④景观的迁移过程

景观的迁移过程包括物质迁移过程、能量迁移过程和动植物迁移过程三部分。

a. 物质迁移过程。物质迁移过程包括以土壤侵蚀和堆积、水流、气流为主的几种过程。判断物质迁移的主要过程，并对引发迁移的影响因素及其过程机制进行分析，可以有目的地防止物质迁移过程对景观功能和空间布局产生负面影响，并提出相应的乡村景观规划对策。

b. 能量迁移过程。能量迁移过程是能量通过某种景观物质迁移而发生的流动过程。分析景观资源中潜在的能量、释放或迁移方式，对于化害为利具有重要的价值。

c. 动植物迁移过程。动植物的迁移过程包括动物的迁移和植物的传播，是景观生态学的重要研究内容。在自然保护区的规划设计中，必须对动物的迁徙和植物的传播过程、途径进行深入研究，为保护生物栖息地和迁移廊道提供科学依据。

⑤景观的视觉知觉过程

在以往的建设和生产中，由于不注重对环境美学的研究，产生了"视觉污染"，为了消除"视觉污染"，也为了避免在乡村景观更新中产生新的"视觉污染"，损害乡村景观美学功能，所以必须对乡村景观的视觉知觉过程进行分析。在景观规划发展中，目前已经形成了一套用于景观视觉知觉过程的原理和方法体系，如景观阈值原理和景观敏感度等，为在乡村景观规划设计中充分体现景观的美学功能提供了科学方法支持。

（5）乡村景观资源利用集约度与效益分析

乡村景观资源利用集约度与效益，是衡量乡村景观资源开发利用程度的重要指标，可以对乡村景观资源生产、生态、文化和美学的潜在功能的发挥程度和效益，借助投入产出等经济学方法进行分析。

①乡村景观资源利用集约度分析

从经济学角度出发，资源利用的集约度是指单位面积的人力、资本的投入量，还包括对文化、美学资源以及土地的投入量。针对农地资源，特别是耕地资源，其集约利用度可以从机械化水平、水利化水平、肥料施用量、劳力投入量等方面进行衡量，对于文化和美学资源利用集约度可以根据区域文化和美学资源的开发投资强度来反映。

②乡村景观资源利用效益分析

效益分析包括经济效益、社会效益和生态效益分析。乡村景观资源利用的经济效益是指景观资源单位面积的收益，并以较少的投入取得较大的收益为佳；乡村景观资源利用的社会效益可以通过乡村景观资源为社会提供的产品和服务量进行定量或定性分析；对于乡村景观资源利用的生态效益，可分析乡村景观资源利用对生态平衡维持和自然保护所造成的正面或负面影响程度，用水土流失、沼泽化、沙化、盐碱化、土地受灾面积的比例变化做定量描述，同时可以对生态的影响机制作定性描述。

（6）乡村景观资源利用状况分析

乡村景观资源利用状况分析，要总结乡村景观资源利用的演变规律、利用特征、利用中的经验教训、存在的问题和产生的原因，并提出合理利用乡村景观资源的设想。其主要内容包括：基本情况概述，如自然条件、经济条件、文化风俗、生态条件等；乡村景观资源利用的特点与经验教训；乡村景观资源利用中的问题；乡村景观资源利用结构调整的设想；维护、改善乡村景观资源生产和服务功能的途径；提高乡村景观资源综合利用效益的建议等。

4. 开展乡村景观评价

乡村景观评价是乡村景观规划设计的基础和核心内容，其贯穿整个乡村景观规划设计的过程，而其根本任务就是建立一套指标体系，对乡村景观所发挥的经济价值、社会价值、生态价值和美学价值进行合理评价，揭示现有乡村景观中存在的问题和确定将来发展的方向，为乡村景观规划与设计提供依据。按照其评价目标，常规的乡村景观评价主要包括乡村聚落与工业用地立地条件评估、景观生态安全格局分析、乡村景观格局评价、景观美学质量评价、景观阈值评价等。

（1）常规的乡村景观评价内容

①乡村聚落与工业用地立地条件评估

乡村聚落与工业用地是乡村地域内重要的人工景观，在乡村经济社会持续发展中具有重要的地位，同时其布局和选址合理与否对乡村景观整体功能发挥具有重要的作用。目前，乡村人居环境建设和工业选址主要考虑生产功能和方便程度，对景观的生态、文化和美学功能缺乏统一的考虑，往往对乡村景观的整体功能造成损害，带来了所谓的外部不经济性的问题。乡村聚落与工业用地的立地条件评估就是针对上述问题，考虑乡村聚落和工业用地的物理限制因素之外的有关景观生态、文化、美学和经济交通等方面的因素，对乡村聚落与工业用地的可容性（协调性）、可居度等的评价，从而为乡村景观功能的整体优化、消除乡村经济社会发展所带来的外部不经济性提供依据。

②景观生态安全格局分析

在现实景观中，景观格局与景观生态过程密切相关，而且在一定区域内，某一景观生态过程的导向和物流、能流和强度往往受一些关键景观类型和点、线所控制，这些关键景观类型和点、线在空间上形成一种格局，称为景观生态安全格局。分析景观主导过程，寻找相应的景观生态安全格局的点、线和面，并保护、加强和改变景观生态安全格局战略中点、线和面，对于在乡村景观更新中保护、加强、改变景观生态过程和功能具有重要的意义，并能在乡村景观规划设计中起到画龙点睛的奇效。

③乡村景观格局评价

景观格局包括景观组成单元的多样性和空间配置。由于空间格局影响生态学过程（如种群动态、动物行为、生物多样性、生态生理和生态系统过程等），且格局与过程往往是相互联系的，所以我们可以通过研究空间格局来更好地理解生态学过程。因为结构比功能容易研究，如果可以建立两者间的可靠关系，那么在实际应用中格局的特征可用来推测过程的特征（如利用乡村景观格局特征进行生态监测和评价）。因此，乡村景观格局评价可以通过分析一些格局指数（景观丰富度指数、景观多样性指数、景观优势度指数、景观均匀度指数、景观聚集度指数等）的变化，来揭示乡村景观的生态学过程，从而更好地保护和维持乡村生态环境。

④景观美学质量评价

乡村景观除了具有保持生态环境及提供一定数量的生物量和生物物种的功能，还具有景观美学观赏及游憩价值。景观的美学价值是在景观信息系统与景观审美意识系统相互作用过程中反映出来的，而景观审美意识系统是多层次的，它们与景观信息系统的各个层次相互作用，从而产生相应层次的景观美学价值，各个层次的美学价值又构成了一个景观美学价值系统。基于上述认识，在景观美学质量评价中应该明确两点。第一，对景观内部自然结构的审美评判，一般具有一些公众认同的审美标准，这是景观美学质量评价的基础。第二，受民族、风俗、地理、文化背景、科学素养和文化层次的影响，人们在审美评判上有不同程度的差异，这种差异在专家和公众之间最为明显，主要反映在新、奇、美（外在美）价值和意蕴美（内在美）价值层次上。

因此，乡村景观的美学质量评价不同于其他方面质量评价，它不能用数量直接表示。一方面，美学质量好坏本身是一个较为模糊的尺度，不同的人对同一景观的评价结果不同；另一方面，同一个人对同一景观从不同的角度去评价其美学价值，结果也不同。因此，为了能使评价相对公平、公正、合理，最好要求一定数量的具有一定专业素质的人员或专家对其美学质量进行评价。

⑤景观阈值评价

景观阈值是指景观作为一个系统，其对外界人为干扰的抵抗能力和同化能力，以及遭到破坏后的自我恢复能力。景观阈值包括两个方面，一是景观的生态阈值，二是景观的视觉阈值。

生态阈值普遍存在于各个生态系统中，主要指的是生态系统在几个状态下突然转变的点或者区域。

景观的视觉阈值是对景观视觉特征的评价，主要取决于各组成部分的视觉特征及相互之间的对比度，以及植被和地貌对可能引入的人工景观的遮掩能力。

景观阈值评价可在不同层次（不同比例尺）上进行，要考虑的相应因素也有所不同，其基本程序是先根据各单一因素分别进行阈值评价，并制定阈值的分级分布图，然后将各单一因素分级分布图叠置，获得景观阈值综合分级分布图。

（2）其他乡村景观评价内容

除了上述常规的乡村景观评价内容，在乡村景观规划设计中有时还涉及特殊景观资源的评价和保护。特殊景观资源是指具有特殊保护价值的文化景观和自然景观，包括具有历史文化价值的文化遗迹以及具有潜在科学和文化价值的地质遗产、不同保护级别的自然景观等，对规划区的上述特殊景观资源进行分类整理、分析和评价，以及分析乡村景观更新中对其价值所造成的冲击，是乡村景观规划设计中不可或缺的评价分析内容。对特殊景观资源的评价分析一般由专家定性完成，对于乡村景观更新中的特殊资源的冲击评价，可采用环境影响评价的流程完成。

5. 乡村景观规划方案设计

针对我国乡村现存的资源利用不合理、聚落零散等问题，我国乡村景观综合规划一般涉及乡村景观整体意象规划、乡村产业地带规划、乡村景观功能分区三个方面。同时可视具体情况进行乡村景观的专项规划设计，如乡村聚落规划设计、交通廊道设计、自然保护区的规划设计、田园公园的规划设计、农地整理规划设计等。在上述基础上，按照规划任务，设计不同的规划目标，进行多方案设计。

（1）乡村景观整体意象规划

乡村景观意象是在乡村景观建设的基础上所渗透的景观意象思想，其形成需要有历史过程，以及乡村景观的硬质景观要素和软质景观要素等共同基础。

从乡村景观意象规划的目的来看，重点关注乡村景观的可居住性、可投资性和可进入性。乡村景观意象规划的三个目标正好体现现代乡村作为居住地、生产地和重要的游憩景观地的三大景观价值和功能。乡村景观可居住性是乡村人居环境建设的重要特征，也是乡村景观规划的重要内容。可居住性面向当地居民居住环境质量，使乡村不仅成为乡村居民重要的永久性居住空间，而且是城市临时性第二居所的重要空间。可投资性是乡村经济景观、乡村城镇建设以及乡村基础市政服务设施持续改善和提高的动力源泉。可投资性不仅使乡村能够吸引当地的投资，同时能吸引更多的外来投资者加入乡村建设。因此，可投资性要求乡村景观具有较强的吸引力，或具有较好的发展预期。而可进入性则全面关注乡村的社会、经济和生态环境的发展现状，乡村游憩产业的发展是可进入性的重要特征。

（2）乡村产业地带规划

根据我国乡村区域的经济功能（含第一、第二、第三产业），乡村区域所承载的人类行为主要包括农业、采矿业、加工业、游憩产业和建筑业行为体系。具体行为有粮食种植、经济作物种植、养殖（水产畜牧）、地下开采、露天开采、农产品加工、重化工业、机械加工制造、建筑材料工业、大型工厂建设、乡村野营、游泳、划船、骑马、自行车户外运动、高尔夫运动、登山、滑雪、自然探险、生活体验、风俗民情旅游、古聚落旅游、农产品销售市场、公共交通服务、零售服务、住宿服务、餐饮服务、居民住宅建设、乡村公园建设等。

针对规划区域，第一，应该根据当地社会经济发展战略、社会经济发展水平、技术条件和景观资源的禀赋，进行市场调查和科学分析，在保护和合理开发乡村景观资源并确保可持续利用的前提下，确定规划区域产业发展规划设想；第二，依据各产业对景观资源条件和属性的需求，进行适宜性评价，形成各产业适宜性地带；第三，依据各产业发展目标、先后次序和适宜程度，确定乡村产业地带规划。

在进行上述综合层面规划的基础上，可视具体情况进行乡村景观的专项规划设计，如乡村聚落规划设计、交通廊道设计、自然保护区的规划设计、田园公园的规划设计、农地整理规划设计等。在规划过程中，可根据任务要求和区域具体情况设定不同的规划设计目标，进行多方案设计。

（3）乡村景观功能分区

在进行乡村景观功能分区之前，需要对乡村地区的整体景观资源进行调查。然后在尊重当地乡村居民需求的前提下，按照科学的景观理论来进行具体的景观功能分区设计。设计要明确乡村发展的总体特征、格局及发展方向，而且要注重乡村未来的方向转化。具体来说，乡村景观功能的分区过程是从空间角度分析景观类型、景观价值、景观内的居民活动、景观的发展问题、景观的开发利用及如何解决景观问题等。进行整体的分析之后，将资源基础、人类活动特征、存在问题与解决途径、未来发展方向相同或相似的景观类型在空间上进行合并，形成具有相同景观价值与功能的景观区域。依据乡村景观中存在的问题和解决途径及乡村可持续景观体系建设的原则，一般可将乡村景观划分为四大区域，即乡村景观保护区、乡村景观整治区、乡村景观恢复区和乡村景观建设区，并可依据实际情况划分亚区，如乡村景观保护区内可划分为基本农田保护亚区、湿地保护亚区、天然林保护亚区和古迹保护亚区等。

乡村景观的功能分区对于整体的景观规划来说至关重要，它从空间的角度上明确了乡村景观规划未来的更新方向、具体任务。与此同时，乡村景观的功能分区完善了规划的具体细节，为景观规划提供了空间控制的基础，也明确了景观规划的用途，提出了如何解决景观规划问题的办法。

6. 乡村景观规划设计方案优选过程

方案优选是最终获取切实可行和合理的乡村景观规划的重要步骤，同时也是面向社会修改乡村景观规划设计方案的基础。多个乡村景观规划设计方案优选可以通过以下三个过程展开。

（1）环境影响评价

鉴于社会经济发展过程中所带来的环境问题，国际上非常重视景观规划和工程设计的环境影响，以免人类对资源的过度利用行为对环境产生严重影响。乡村景观规划设计包括乡村聚落规划设计、交通廊道设计、自然保护区的规划设计、田园公园的规划设计、农地整理规划设计等。在规划过程中，可根据任务要求和区域具体情况设定不同的规划设计目标，进行多方案设计。

（2）民众参与

由于规划的实施主体为规划区域民众，如果规划设计过程中没有当地民众的广泛参与，或规划方案没有得到民众的认同，乡村规划设计方案也就丧失了具体实施的基础，即使能够得以实施，其效果也不会很理想。从国际趋势来看，民众参与是规划设计中的一个必要步骤，并已成为规划设计方案得到广大民众支持与修改完善的重要手段。就目前我国农村的基本状况而言，许多乡村居民的认知能力还不完善，仅仅采用公布设计结果的方式无法让当地民众真正地了解乡村景观规划设计，不能获得理想的民众参与效果。因此，为了改善这一情况，可以让规划设计人员积极地与乡村居民交流，询问他们的意见，获得他们对规划设计的认同。

（3）经济评价

经济评价是乡村景观设计可行性分析的主要内容。乡村景观规划设计方案的经济评价应做到：①按照规划设计对景观更新的成本和费用进行预算；②采用经济分析方法，如投入—产出法、费用效益分析法等，对投资回收期、产投比等进行分析；③对乡村景观规划更新费用的融资渠道，以及当地政府和居民的承担能力进行分析。综合上述分析，提出不同乡村规划设计方案的经济可行性。

7. 乡村景观规划实施与调整

根据规划内容确定实施方案，使规划得以全面实施。在实施过程中，伴随客观情况的改变及规划实施中的新问题，为了保证规划设计的现时性，需在不破坏原有规划方案的基本原则下对其进行一些修正，以满足客观实际对规划的要求。

二、乡村景观设计的方法

1. 资源调查方法

在开展乡村景观设计之前，需要开展详尽的资源调查，具体常用到的资源调查方法主要有以下几种类型。

（1）利用遥感数据进行资源调查

乡村地区土地覆被的类型和空间分布是乡村景观规划设计中的基础数据。目前，利用遥感数据已经成为获取上述数据的重要手段，同时以其他信息作为辅助。在乡村景观资源遥感调查中，一般按照乡村景观资源分类、资料准备、建立解译标志、野外校核、遥感制图的程序进行，解译方法有人机交互解译、计算机自动解译等。

（2）开展专业补充调查

在收集相关资料时，在土地利用、植被、水文、地质、农业、林业、牧业、交通运输等信息的基础上，按照调查精度和保持资料现时性要求，一般视情况需要进行专业补充调查，并在原有图件基础上更新建库。

（3）通过农户调查和访谈获取资料

进行乡村景观规划设计，需要大量的社会经济、文化和风俗方面的资料，而这些资料往往需要通过调查获得。一般通过农户调查和访谈等方法获取第一手资料，然后通过系统整理抽取有用的数据。

2. 设计的分析与综合法

乡村景观规划设计相关数据、资料的分析和综合过程，是通过对原始数据进行分析和综合，抽取对规划设计有用数据的一种过程。分析和综合方法有定性、定量和动态分析方法。乡村景观规划的分析和综合方法有空间统计学方法、系统动力学方法、因果分析方法、预测方法等。

（1）空间统计学方法

空间统计学方法包括空间自相关分析、半方差分析、趋势面分析等。由于乡村景观规划设计涉及景观格局演变分析，空间统计学方法已经成为景观动态格局变化和过程分析中的主导方法。

（2）系统动力学和因果分析方法

系统动力学和因果分析方法对于定性和定量分析景观资源系统和社会经济系统中的各子系统和要素之间的关系以及变化过程具有重要价值，有助于系统的辨析和主导问题的发现。而聚类分析、因子分析和主成分分析可以定量地分析区域系统演变的主导因素。

（3）预测方法

预测方法在分析规划区域人口、土地生产能力，社会经济发展前景，土地覆被动态变化情景中具有重要的价值。按照宾夕法尼亚大学沃顿商学院营销学教授斯科特·阿姆斯特朗的分类，预测方法包括分解法、外推法、专家预测、模拟仿真和组合预测等几类。特别值得一提的是，俄国数学家马尔可夫的预测方法（马尔可夫链）已经在景观动态预测中得到广泛应用。

3. 设计的模仿与再生法

模仿学认为，艺术的本质在于模仿或者展现现实世界的事物。模仿是通过观察和仿效其他个体的行为而改进自身技能和学会新技能的一种学习类型。模仿也是乡村景观设计中的一种基本方法，通过模仿乡村对象、乡村生存环境，学习并传承当地文化，可激发设计师个体创作的灵感。例如在江西农村，经常可以看到一种草垛景观，当地村民将收割后的稻草就地堆放在田地或者院子里，用于生火做饭和对食物进行保温储藏。对这种具有地方生产生活特点的乡村景观形式进行保留和创造，就不失为一种好的设计。中国不同地域展现出不同的乡土景观特征，尤其在建筑外墙、地铺、木作的结构形式等方面值得深入调查研究，在设计中模仿再生，延续乡土建造文化，可唤起观者的共鸣。

再生需要经过一定的时间积累，保持原有美的形式，在新的生产方式和生活方式作用下，尊重当地风俗习惯，经过一系列的艺术加工，创造和发展出新的展现形式。在贵州肇兴侗寨，将农业景观场景在村寨景区广场上集中再现，游人一下车就能感受到本土农耕景观的特点。乡土景观的再生立足于当地的社会历史文化，艺术地还原或再现村落特色，延续文化特征。

第4章 乡村景观设计实践

4.1 农田景观规划和生态设计

一、农田景观规划与生态设计的原则

1. 整体协调原则

农田景观是一个复杂的生态系统，是社会美、艺术美和自然美的集合体，其设计必须以整体协调为原则，做到整体规划、内部协调、细部着手，以实现农田景观的可持续发展。农田景观的设计涉及农业、景观、生态、人文等学科，其与生俱来的综合性要求我们必须整体考虑，注重内部的协调性。整体协调原则对农田景观的设计及其形成过程具有指导性意义，正如德国的谢林所说："个别的美是不存在的，唯有整体才是美。"

农田景观的设计不是某一景观要素孤立的表达，而是整体化的设计，最终目的就是整体协调优化。设计时，要以"天人合一"为指导思想，遵循自然规律，在色彩、形态及肌理上将各种设计要素整合起来，不仅要注重这些要素本身的协调关系，而且要注重它们组合的整体效果；与此同时，要考虑农田景观空间的建构、景观要素的表达和景观序列的组织，重视整个农田环境的地域特征及文化。整体规划时，要梳理和解读原景观格局，协调其点、线、面关系，合理布局各类景观要素；最大限度地遵循场地精神，协调农作物、植被、道路、农田及农村聚落之间的布局关系；加强对其肌理片断的修复，深层次地协调各种元素与设计理念的统一，强化其整体风格。

农田景观设计还必须把握其整体生命周期、生物流，整体地对其资源的消耗、污染及栖息地的丧失进行生态计算，整体地构建绿色核算体系，控制其生态价值；清晰掌握农田生产过程，考虑其产出是对资源和能源的节约还是浪费；协调其景观整体效果，协调其本身的自然结构和组成。

2. 保护优先原则

当前的农田景观发展只求经济而忽视生态，导致土壤环境恶化、水体污染及水土流失等问题频繁出现。针对这些情况，农田景观设计必须以保护优先为原则，促使其在保护中发展，在发展中保护。保护优先原则即最大限度地保证农田

景观的原真性、整体性，并使它们具有客观真实性。"大多数带有乡土韵味的景观设计都基于一个前提条件，即项目规划和设计过程中尽可能地减少人为干预。"

农田景观是依托当地的自然环境而存在的，要做到动态保护与集中保护相结合，采用循环式、多阶段式对其设计过程、内容及结果进行动态保护，集中保护农田景观中具有历史意义的景观小品、建筑、古树、古桥等，优先保护其空间形态和景观肌理；其设计决不能离开生态，必须保护农作物物种的多样性，保护其景观格局的完整和连续，保护生态生境及其循环系统，提高农田景观的环境承载力，不得私自占用耕地、破坏土地；结合实际情况，尊重土地，保证农产品的生产安全，实现保护生态环境和经济发展的辩证统一，在不破坏生态安全格局的情况下适当扩展其功能；不只是保护其本体，也应对其所涉及的环境、社会、管理、经济、法律等方面进行多层次、多样化的保护，做到真实、整体地保护；要加强当地人的积极参与，促使其以主人翁的心态参与保护和管理；设计者必须尊重自然，必须保护人、地和谐关系，将农田景观打造成产品生产、文化承载、生态支持、环境服务等多功能的复合景观系统。

3. 特色突出原则

伴随城市化和美丽乡村建设的不断推进，较多的农田空间丧失了特色，给人们留下无尽的记忆碎片。如何追寻回忆中的农田景观，就应赋予其特色突出原则。特色突出原则是在长期发展中对促使农田景观在形态、肌理、色彩等方面表现出较高的地域性、差异性和特殊性的有力保障。

农田景观是人类文明发展的结果，因此，在对其进行设计时，要挖掘和提升本土特色，借助当地的设计要素营造适合于本土的农田景观，彰显其鲜明的环境特色；要因地制宜地探求切合乡土特色的规划布局及功能定位，就地取材，提升其景观吸引力；要充分利用现有的资源塑造特色环境，维持农田景观本身的肌理；要通过农田的文化提炼和场景营造突出其场地精神，增强景观的可识别性；要与周围环境相联系，从设计定位、功能分区及设计要素等方面使设计突出当地景观特色，切勿生搬硬套或复制。

事实上，在当今全球化的氛围下，特色突出越发显得重要。各种文化交流环境下的农田景观设计，相比以往更应该注重与遵循资源和文化的地域性、差异性及多样性，更加强调这些突出的特色所带来的吸引力和价值，更好地整合文化之间的同质与异质，并勇于创新。农田景观的设计以优化延续人类生命的自然环境为首要目的，最应突出其本身的生态特色。曾经风靡大江南北的河道硬化工程，将逐渐被与生物为友、与自然为友的生态工程所取代。

4. 文化延续原则

农田景观包含当地区域的社会意识、生活方式及人文气息等因素,是农民生产生活之地,是与人类生命息息相关之地,也是人类灿烂文化之源。

芬兰建筑师阿尔瓦·阿尔托说:"我们的感情是因为有了记忆才能被激动。"这份记忆对于农民来说就是农田景观文化,其传递人与土地变迁的历史文化,展示与环境相和谐的自然文化,彰显天、地、人三者共存的生态文化。农田景观文化的延续是农民精神寄托的传承,是生态文明、社会和谐建设的基础,也是其自身发展的要素。农田景观文化的延续,要从整体出发,抓住乡土特点,运用循环性延续、可读性延续、独特性延续等手法,最大限度、最大范围地保证农田景观文化的维持与发展;要构建文化环境,增进人与农田的和谐,凸显民族的社会凝聚力,展示现代社会认识农田及其历史的重要窗口;要尊重历史,遵循地域文化的发展脉络,尊重当地人的经验,营造和谐发展的农田景观新文化体系,规范当地的共同意识及秩序,合理利用其文化资源并促进其本身的可持续发展。

遍布全国各地的农田景观,是一代代人与土地相互依存的见证,每一处都具有其独特的文化底蕴。延续农田景观文化,可以促使人们深层次地了解当地的特色、风俗、行为及文化,丰富他们的精神生活;可以保证其整体的特征和原真的形态,是促使农田景观得以保存的根本,是给予后人享受祖先文化遗产的恩惠。

5. 科学创新原则

"艺术的规则之一就是将违背规则作为重要的规则延续下来",即通过对已有规则的科学突破,才会取得创新性的进步。对于农田景观设计同样也适用,其绝不是简单地复制或模仿,而是在保护农田景观基础上的设计理念的创新、设计工艺的创新、生产技术的创新、审美情趣的创新,既能让参与者意识到农田景观原型的存在,也能使其获得文化上或视觉上的认同感。科学创新原则是农田景观设计在全球化下的文化趋同与抗争,是全球化旅游及高科技化等因素的综合结果。

农田景观要以科学创新为设计原则,避免各种急功近利的现象发生。在农田景观设计中,应该积极地在保护基础上创新性地利用农事生产及生活的技艺进行更新或修缮,增强其新功能;遵循当地精神信仰,创新性地运用人与自然和谐相处的思想以及趋吉避凶的智慧,将传统的历史文化科学地应用在现代的农事生活之中;注重地区景观之间的统一性和差异性,强调整个景观的空间意向和场所精神,科学地关注设计方法的多元性和材料运用的灵活性;将适合的新材料、新技术、新理念、新能源运用其中,做到与时俱进,给农田景观带来焕然一新的面貌；走向现代化、面向世界，借鉴国外的经验，立足本地的实情和机遇，进行科学创新，提高农田景观的视觉品质和审美情趣，体现农田景观对于人类的价值意义。

6. 可持续发展原则

所谓的可持续发展，是指人们在满足自身需要的同时，不能破坏后代的发展。农田景观设计要以可持续发展为原则，要注意自然与人文之间的有机结合，使其本身具有自我更新和调节的能力。农田景观的可持续发展是全球所关注的共同话题，是广大居民最切身利益、最根本需求的有力保障。

农田景观设计应具有长远的建设目标，坚持可持续发展道路是农田景观设计的必然要求，也是农田景观设计的重要设计原则。农田景观设计必须有一定限度，不能破坏生态环境，不能危及后代的发展；必须做到农田本身发展的可持续，做到农田景观的材料和资源的循环利用，促进其形成循环旅游经济；充分考虑那些可变和未知的因素，促使其具有一定的"弹性"，给予农田景观空间的开敞性，赋予其足够的发展余地；依据生态学原理，保护自然环境，延续生物多样性，增强景观异质性，突出景观个性，营建农田循环系统；最大限度地减少化肥和除草剂的使用，充分地利用各种自然条件，如风、水、阳光等，减少土地、水体、能源等资源的利用，进行太阳能发电、秸秆回收等，提高使用效率；具有前瞻性，放眼未来，做到节能环保、资源再生，做到局部服从整体、当前服从长远。

二、农田景观规划与生态设计的要求

1. 关注"环境"

农田景观是当地居民为适应当地环境而形成的一种长期生产性景观，是当地自然生态环境的最根本体现，其本身的发展、设计与自然地理环境、气候环境等有着密切的关系。农田景观设计必须附属于整体的自然环境，必须关注土壤、农作物、水体、气候以及其他非物质要素，注意元素之间相互作用。从小范围上讲，关注"环境"是强调农田景观与周围自然环境之间的整体和谐关系；从大范围上讲，关注"环境"还必须强调农田景观与整个地球的自然生态环境之间的协调关系。只有适合环境，设计出来的农田景观才是自然、历史、文化的综合体，才会具有生态性、乡土性、互动性和艺术性。

农田景观并非孤立地存在于整体环境之中，而是能对周围的生态环境起到积极的促进、维护作用。为发挥其所具有的作用，我们必须认识到农田景观设计与周围环境的关系，以利于其健康有序地发展。在今后农田景观的设计中，必须更加关注周围的环境，保证其自然特性，以营建健康宜人的环境，延续乡土的生态性。

关注环境、尊重环境是生态设计最基本的内涵，对环境的关注是农田景观设计存在的根基。每一个参与农田景观设计的人，应永远记住：人类属于大地，而大地不属于人类，自然环境并不是人类的私有财产。

2. 关注"生态"

生态是农田景观本身所具有的基础特性，其表示的不仅是绿色的概念，还表示能够提高农田景观中材料、能源利用率的最大限度，在农田景观自身的设计和建设中应最小限度地影响生态环境。当今社会背景下农田景观设计所关注的生态，绝不是"漂亮的托词"，而是对整个生态环境深切的使命感和责任感，其设计的理念和构想都应是对生态、对自然的密切关注，是"天人合一"自然观的根本表达。

农田景观设计必须以关注"生态"为发展要求，要有效地利用现有的环境条件，增加农业系统中物种、群落、生态系统等各层次的多样性、空间异质性，以生态友好的方式利用自然资源和环境容量，减少农事生产活动中的各种污染和浪费，实现农事活动的生态化转变，加强农田景观的生态屏障，合理布局农田、林网、沟渠、路网及自然、半自然生境，构筑城市外围开阔的绿色开放空间，以更好地保护农田景观的生态，实现当今潮流下的"双赢"。与此同时，农田景观设计对生态的关注，应该突出对参与者的环境教育意义，最大限度地不破坏生态系统的完整性，必须让每一位参与者记住：世界上本没有垃圾，只是放错了地方。

农田景观中的各种设施也应该凸显生态特色，所有的农产品应注重绿色环保。

3. 关注"经济"

自古以来，一直都是"民以食为天"，没有粮食就没有人类。我国拥有世界上7%的农田耕地，却养育着世界上22%的人口，这充分说明农田对人类生存、生活的伟大贡献。关注"经济"对于农田景观设计来说是最为重要的，经济性是其本身所具有的特性，是其生产性最基本的表达，也是其不同于其他景观的关键点所在。

随着可持续发展思想的推进，农田景观设计必须将经济的发展与其本身的形态肌理进行有机整合，必须注重农田景观的产业发展和生产模式，必须关注农田景观本身的价值，促使整个农田景观维持较高的生产力和生物量，优化地区经济结构，改善当地居民的生活质量，做到合理发展、节约成本，促使经济可行与乡土保持相融合，形成高度的循环经济。我们应用整合的指导思想保护和挖掘农田景观的文化内涵和经济效益，探究其内部所蕴含的活力，充分利用乡土资源，借助较少的人力和资金发展农田景观，促进其生产生活的发展。

4. 关注"情感"

今后的农田景观设计要关注"情感"，要符合当地人的生活习惯、民风民俗，要强调人们的精神性、生命性、亲和性，突出人文环境的营造，优化当地的历史文化，使"艺术的生活"融合于当地的农田景观之中，如陶渊明在《归园田居》中就提出"久在樊笼里，复得返自然"的农事生活意境。农田景观情感来源于人类与农田、与自然的直接交往，包括农田场所精神带给人们的感官刺激、农民及设计者的生长环境、参与其中的人的思想意识及生产生活经验等。

农田景观设计必须与情感相符，才会凸显其自身发展的最高要求，要做到关注乡情、崇尚乡土，关注当地人真挚朴素的感情和体验感受。人们在长期的生产生活中所积累的社会习俗、文化意识、宗教信仰等，促使现代的农田景观内涵不断发展和延伸，特别是农田景观的朴素之情，是其他景观类型所不能及的，这也要求我们在进行农田景观设计时要树立关注情感、关注文化的理念，让农田景观中的"物""事""意"都富有情调。将情感融入农田景观，注入农民及设计者对农田的感知，充分利用当地的设计要素（水文、土壤、地形地貌、民风民俗和精神文化等），促使农田景观的场景节奏与空间序列紧密地联系在一起，增强了农田景观的象征性和叙事性，使其具有了集体的精神意义。

5. 关注"表达"

农田景观设计关注"表达"，其实际的意义是关注设计，关注设计表达的方式和设计理念的体现，做到"张于意而思于心"。农田景观的设计不同于一般景观项目的设计，其本身就是设计的一种结果。农田景观产生的根本目的就是为人类提供生活所需的特定物质和环境，对其解读是设计师与当地居民交流情感、态度的过程。

农田景观的设计必须找到一种合适的表达方式，要关注其"播种"与"丰收"的生长规律、"自然"与"人工"的生存特性、"短暂"与"永恒"的精神内涵。农田景观的表达直接体现在对设计的可取性和操作性的认可度上，这也是衡量农田景观设计的关键点所在。合理的农田景观设计应该利于操作、利于表达、利于发挥其自身应有的价值。

农田景观的设计必须加强对空间的感悟、对尺度的感悟、对文化的感悟和对人性、自然性的感悟。首先，农田景观的设计应该坚持朴素的设计，但朴素的设计绝不是色彩、形状、肌理等表面形态上简单的造型摆弄，而是具有深刻的文化内涵，具有风格化、个性化的朴素意识，应充分表达对地方的尊重，充分利用原材料，最大限度地体现农田景观原本特色。其次，农田景观设计要为当地人的生活而设计，必须以人为本，避免只考虑美学和技术的因素，应更多地思考人的体验和需要。农田景观的以人为本，不是"以人为绝对的中心"，应是农田景观与人及其他生物之间的一种平衡关系，是适度且在尊重自然条件下的以人为本。农田景观在设计时必须加强与地方居民的沟通和交流，才能更好地把握人们真正的需求，才能使当地人对改造或设计出的农田景观更具有认同感，融合于当地人的生活中。

三、农田景观规划与生态设计的方法

1. 建立生态安全格局

农田景观的发展必须稳定、持续、循环，必须有优良的生态系统，因此，农田景观设计要建立生态安全格局。农田景观的生态安全格局是维护农田景观中综合生态系统的关键性景观元素、空间位置及其之间关系所构成的基础性生态结构，是由自然、社会、生物及人类等各种驱动因子在时空尺度上的相互作用所构成的，具体表现为农田景观的多样性和异质性。党的十八大报告中明确要求"构建科学合理的生态安全格局"。党的十九大报告指出："实施重要生态系统保护和修复重大工程，优化生态安全屏障体系，构建生态廊道和生物多样性保护网络，提升生态系统质量和稳定性。"

农田景观设计第一要务就是建立生态安全格局，从整体出发，分析和判别农田景观中具有关键性的要素，将设计学与景观生态学相结合，进行保护、恢复和重建农田景观格局，形成"点（斑块）+线（廊道）+面（基质）+体（空间结构）"一体化，确保各种生态系统发挥本身的生态服务作用。农田景观生态安全格局的建立是以耕地为背景，大田、观光园、养殖场、绿林和村庄等为斑块，林带、树篱、沟渠、道路等为廊道，按照分散与集中、网络布局和景观连续，形成一个多层次的空间网络，其中斑块是农田景观的功能载体，廊道是农田景观中的空间通道，基质是农田景观中的空间依托。农田景观斑块数目取决于田块的规模，一般为3～10块/公顷，山区、丘陵地区数量将增加。平原区的田块以长方形、方形为佳，长度为 500~800 米，宽度为 200~400 米；山区则依据坡度确定宽度。廊道一般为 3~4 条，主要田间道路路面宽度为 4~6 米，辅助田间道路沟渠宽度为 2 米，乔木防护林带行距为 2~4 米，株距为 1~2 米，林带宽度取决于树木行数，一般为 2~20 米。与此同时，农田景观设计还要有农田道路隔离绿化带。农田景观的生态安全格局使其不仅具有生产功能，也具有生态服务、景观价值、传承文化、观光和教育的旅游功能，能协调紧张的人地矛盾，实现精明保护与精明增长，成为国土规划和城乡规划的重要依据。

首先，农田景观的设计应该利用景观的异质性创建其生态安全格局，在原有的地形地貌、气候及生物等自然条件基础上注入新时代的设计思想，改变斑块的形状、大小及镶嵌方式，改变原有的景观基质，优化和改善土地的利用方式，构建生物或水利廊道，形成较为稳定的空间形态。与此同时，要注意原农田景观中的生态平衡以及新思想渗入的负反馈，增强农田景观生态安全格局的稳定性，关注各个要素之间的比例关系，关注农田景观的质量优劣。其次，慎重考虑区域的开发程度、环境容纳量和自然承载力，控制人工外来物种栽植的盲目应用和无度扩展。最后，要加强农田景观的田埂和边缘环境设计，营造农田景观野生的生态生境，为动植物的迁徙、扩散及环境污染程度的评价提供依据。在农田景观生态安全格局内部进行多种经营、综合发展，进行农林果结合、农林牧结合，做到农田景观的生态安全格局与其功能辩证统一。结构是功能的基础，功能是结构的反映，应总体提高农田景观生态系统的生产力，以求取得生态效益和经济效益的突出成绩。

2. 合理利用地形地貌

人与土地的和谐关系是社会发展的根基。一片充满诗意与精神灵秀的土地是民间信仰和民族认同的基础。农业是人类对地球表面土地最卓越的使用。作为农田景观设计重要骨架的地形地貌，极具亲和力、稳定感，其决定气候、水体、生产技术及农作物播种等景观的布置效果，有较强的诱发空间的潜在力量。只有了解土地是如何发挥作用、变化，以及它是如何与生活在土地上的生物相互作用的，我们才能真正发掘到景观的本质。合理地利用地形地貌，有利于农田景观设计中空间的分隔、视线的控制及美学的表现等。

农田景观中地表的平整、耕耘某种程度上便是一种"破坏"行为，因此其设计必须做到尊重并合理利用地形地貌。借助原山势地形，顺应自然风貌，在保证不破坏其功能的基础上适度改造山势地形的空间形态，灵活运用地势地貌所具有的巨大潜力；尊重土地的生命周期，不能改变土壤结构，不能破坏农田景观的稳定性，以耕作技术的智慧和适地化为基础，做到对其地形地貌的"培育"；借助地形地貌营建多种形式的田埂，笔直的田埂稳定、呆板，弯曲的田埂生动、蜿蜒，增强其空间的可达性和开敞性，做到道路可达、水域可达、视线可达，使其充满野趣；从功能、布局和造景等方面考虑原地形地貌，进行合理排水，防止积水，使农田景观形成不同功能或景色特点的区域和较高的视觉稳定性；通过土壤的特性、造型的特性及高低的特性设计农田景观的大小、肌理、形状、面积等，并构建当地的土地利用图。

零星散落的小土丘或者起伏不大的地形，可以种植高大乔木，凹陷的位置种植小灌木或草本植物，错落有致，增强视觉高低的变化，如：四川平原地区地形较为低洼的区域，将其深挖为池塘，设计成我国江南地区的"桑基鱼塘"；在地形较为突出的地方设计高台，给予人远眺的空间，登高望远，看到开阔的场面，如哈尼族的梯田景观。高台之下的地形不能太露，需用大面积植被覆盖。哈尼族自上而下的灌溉技术以及梯田养鱼技术也是合理地借用当地的地形地貌。结合地形地貌为孩子们营造富有趣味性和知识性的场所，如农田中部分裸露的土地或者拐角处，设计成孩子们玩耍的地方，并配有文字说明的展示牌，对当地农田中的土壤、农作物等进行详细的介绍，增强孩子们对农田景观的了解，起到教育的作用，激发人们对农田景观的热爱。

3. 准确调配农田作物

能够"培育出具有生命的绿"体现了农田景观设计的重要作用。景观多样性是根植于大地的自然地理与生态特征之中的，反过来，这样的多样性又反映出了陆地环境功能的差异性。

耕地的风景特色会因为耕种作业的改变而改变，也会因为土地被用于其他用途或者公众用于改善景色的投资而改变。农田景观就是以种植农作物为主的景观，其设计要准确地调配农田作物，要做到"三季有花，四季常绿"。了解当地气候、土壤、水体和农作物等要素的状况，因地制宜，适地适种，以当地乡土品种为主，调配时应谨慎，注意因纬度、海拔的改变对农作物的影响；根据农田景观的总体规划和功能定位，合理选择农作物，营造结构合理、层次丰富、关系协调的作物群落组合构架，注意遵循线条、质地、色彩、空间、季相的美学特征及组合，合理进行作物、林果植物与其他景观要素，如水、林、路、石头等之间的相互搭配；注重农作物与其他野生植物之间的高矮、大小、花期、常绿与落叶，以求在季相的变化上达到最佳效果，给予人们"五感"上的享受，启发探索精神；充分引入成熟的景观设计手法，参考"诗格""画理"与"比德"兼备的植物配置形式，结合农田景观粗放管理的特性，充分发挥农作物的表现时空、营造意境、分割空间、改造环境、衬托主题等功能，展示农田景观的多种美；准确地调配农作物的行距、品种、色彩，其造景技术主要包括机播、条播、撒播、穴播等，农作物栽植模式有单种、混种、套种、间种等；合理利用生物防治技术、天敌利用技术和生草覆盖技术以及土壤改良、节水灌溉、水分综合管理、整形修剪、防治病虫害等措施，保证农田作物健康生长，实现农田景观规划设计的生产、生态和景观综合效果；在满足功能的基础上，在农田周边搭配不同的植物，形成绿色空间，如挺水植物、浮水植物等，不仅可以防止水土流失，也能展示农田景观的魅力，传承乡土文化。

与此同时，农田景观的设计要注重农作物与野生动物之间生态生境的营造，如哈尼族的梯田活水养鱼。对设计区域内现有动物进行调查，以提供准确的动物种类、习性分布等有效信息；对于动物较少的场地，依据生态学理论、专家的指导及农作物的品种，适当增加其种类或数量；控制好农田景观中物种之间的平衡，切忌因擅自引进而破坏原生态平衡。

4. 灵活运用乡土材料

乡土材料是农田景观中最直接可取、最生活化的资源。灵活运用农田景观中的乡土材料，既可节约经费、降低造价，又可促使景观设计更具风格和地域特色。农田景观要靠材料创造美，农田中一切具有相对稳定或能形成形状的物质，都可以作为其设计材料，关键要善于探索发现和巧妙利用，顺天时，量地利，则用力少而成功多。

农田景观设计要根据定位、创意和内容选择乡土材料，最大限度地挖掘和发挥乡土材料的材质美，掌握其特性与加工技艺，因艺施材、因料施术；将乡土材料进行提升，与环境相协调，在基于保护的基础上展示农田景观的风俗文化；对其特征和形态进行探索，利用现代技术，将其转换、变形、简化和抽象，达到呼唤历史和现代的双重使命；对废弃的农田乡土材料，借助循环和再生技术，使其实现能量和物质的流动，如秋末的枯枝落叶就是新生命的营养肥料。设计时，还可直接使用原生植物，借鉴古典园林中的"诗格""画理"取材，给予农田景观诗画般的意境，如芦苇荡、荷花塘，传递农田景观的乡土气息。

农田景观中，最为常见的乡土材料资源有秸秆、稻草、茅草、水体、土地、山石等。水稻和小麦的秸秆及茅草是农田景观中所特有的资源。水稻收割的季节，将农田中的秸秆进行散放，任其自然地腐烂转换为肥料回归大地，"化腐朽为神奇"；将割下的稻秆卷成捆放置，可作农田景观小品，需要时则可运走作为牲口的饲料；农作物的秸秆和农田周围的野草可用来搭建茅草屋和扎制稻草人、编织草鞋和草席等，这些是人类智慧的象征和以往生活的写照。对于城市居民来说，城市中到处充斥着水泥混凝土，而农田景观中的茅草屋、茅草亭、草鞋、稻草人等则接近自然，生态环保，野趣横生，有着很高的教育意义和观赏价值。水体是自然界中最灵动的资源，设计时，要将其自由的特性和农田景观的河流、道路相结合，形成农田景观中拓扑分形的灌溉系统，展示其"四喜"：一喜环弯，二喜归聚，三喜明净，四喜平和；并根据水的深浅，依次种植挺水植物、浮水植物和沉水植物，巧妙地运用乡土植物，引导农田景观观赏视线的过渡。农田景观中的泥土是最具潜质的材料，因为它是最初始的原发性物质。山石材料具有自然的原真之美，将其布置在适当的地方，可引导农田景观空间的通道和走向，点缀其局部景观效果，也可利用碎石构建休闲的农田小路和农田边缘的挡土墙。农田景观中的乡土材料如今也在许多城市景观中运用，如以水稻为媒介的沈阳建筑大学校园规划、以玉米为主的芝加哥北格兰特公园艺术之田等。

5. 营造趣味景观小品

景观小品在农田景观中如同跳动的音符，是农田景观中最为清晰的视觉语言，通过不同的结构、材质、造型等，传递农田景观的地域文化。优秀的景观小品不仅是农田景观设计中的景观标识，也是其本身的文化载体。充满趣味的农田景观小品是游览者驻足停留空间中的构筑物，具有较强的视觉冲击力，对其设计宜精不宜滥，否则会大大地降低其景观的视觉效果。

农田景观中的小品表现力强、题材宽泛，常见的包括稻草人、土地庙、神龛、风水树、亭台、指示牌、观景台、草垛、石碾、打谷场、井台、秧歌戏台、棚架等，通常还与一些雕塑或水景、石景等融合在一起，将其设计成为农田景观中的点睛之笔，做到有趣味、精致、淳朴，促使农田景观更具特色，如农田景观观景亭中设置的石桌石凳，在其上面设计一些小箩筐，既能增加景观的趣味性，又能凸显对原来生产生活场景的追忆。

营造趣味的景观小品，首先，要赋予其准确的定位，超越传统的农田景观建设，挖掘其休闲观光功能，使普通的农田景观独具特色，实现生态价值、景观价值和社会经济价值的综合服务功能。其次，农田景观小品设计要具有一些与农田景观相符合的趣味造型，如箩筐、猪、簸箕、家禽等，充分考虑绿、美结合，消除农田周边私搭乱建、废弃垃圾、非规范标识等视觉污染；要基于农业生产或游客观赏游憩需要，从视觉美学和生态美学角度充分利用当地材质和原料；色调选择上以绿色为大背景，并综合考虑各颜色代表的意象、象征及人们的心理等方面因素。再次，农田景观小品应具备完善的休憩设施，选址应符合游客观光游览偏好和习惯；符合主题且具有创意；制作材质应考虑能承受日晒雨淋和自然力的侵蚀；注意考虑老人、小孩等人群的特殊要求，地面铺装具有防滑功能；植被配置避免带刺及有毒有害植物。最后，注意整体的景观视觉效果，符合受众的直观接受能力、审美意识、社会心理和禁忌，避免引起反感和产生歧义；创造性地探求独特的艺术表现形式和创意造型手法，以凝练、精当的艺术语言，使设计具有高度整体美感；注意避免安全隐患，加强景观标识和指示牌、解说栏的设计，以便旅游观光和科普教育相结合。

6. 鼓励广泛参与互动

农田景观的设计不只是一种政府的行为，也是一种大众的行为，其服务对象是广大的居民，因此，设计要站在所有人的立场上，切实为他们着想，鼓励广大居民广泛参与互动，发挥居民、政府的意识和力量，突出农田景观设计的以人为本理念。《中国 21 世纪议程》中指出："公众、团体和组织的参与方式和参与程度，将决定可持续发展目标实现的进程。"

鼓励广大居民广泛参与互动已是设计常用的方法，同样也适合农田景观设计。对于农田景观设计，首先，各级政府要健全法律法规体系，扩大对农田景观的宣传（如湖南省株洲市的农产品博览会），提高所有居民对农田景观保护和发展的意识，避免领导干部瞎指挥，推动广大居民的积极参与，构建当地人的自我发展机制；与此同时，其设计必须注重城乡民众的需求，注重生产、生态、生活等功能，注重服务地方居民、经济和环境，促进农田景观全面发展和城乡一体化建设。其次，要在遵循保护的基础上保证居民的切身利益，充分发挥当地人的主观能动性，任何农田景观的设计都必须在当地居民的认可下进行；鼓励广大居民学习新知识，更新原有的农田景观理念，确定农田景观的符号特点时一定要与当地居民取得一致，并使其深入人心，基于农田景观参与者的角度思考设计，促使大众改进自己的思想。最后，加强各地儿童的生产劳动教育，树立"劳动光荣，劳动最美"的理念；加强游客保护文化和环境的意识，通过合理的规划布局和引导，减少欣赏者对农田生产生活美的干扰，杜绝改变属于农田景观本身的价值取向和生活方式。

四、农田景观规划与生态设计的目标

1.活力

要使农田景观具有生生不息的特质，其设计就必须赋予活力，从周围的环境和生产形态入手，并融合社会、自然及人类的生产生活。农田景观的活力是指农田景观本身具有自我完善的机能，能有效地迎合人类的活动，又包含着人与农田、人与农作物之间相互交织的过程。有活力的农田景观能反映其所有要素与人类的互动关系，不仅是展示的、观赏的，而且能供人使用，让人参与其中。有活力的农田景观具体表现为欢快活泼的农事生产、生机盎然的农作物生长、高度的景观丰富度和多样性、较为突出的场所精神、野趣横生的动物鸣叫、柔性的景观边界、立体化和动态化的景观空间及良性循环的自然生态系统。宋代词人辛弃疾云："茅檐低小，溪上青青草。醉里吴音相媚好，白发谁家翁媪？大儿锄豆溪东，中儿正织鸡笼。最喜小儿亡赖，溪头卧剥莲蓬。"这就是农田景观活力、生动、质朴的体现，凸显着乡村生活的生命力。这种场景对于久居城市的人们来说，令人心旷神怡。充满活力的农田景观能供给居民们生产、娱乐体验的场所，展示乡村景观的风貌特征；能够全面呈现出农村生活的浓厚氛围，烘托出农事活动的热闹气氛，传递出农耕文化的时代感；能够增强人与农田、自然亲近的频率，具有较强的吸引力。

2.美丽

农田景观的美丽是人们对农田、自然的一种感知，其设计必须以美丽作为目标，必须是建立在生态绿色基底上的艺术体验，必须是具有较高的景观美景度和多元化的景观空间。农田景观中万物皆美、万物皆可赏，体现在较高美景度的生态环境，统一整齐的农作物斑块，五彩缤纷的农作物色彩，无垃圾、无废弃物的低污染空间等方面。农田景观传递出的景观美的精神（如朴素、生态等），有着其他景观不可比拟的意境，是"物境—情境—意境"的结合体。农田景观美景度是指个人或者群体以某种审美标准对农田景观视觉质量做出的评价，取决于视觉感知上的美与不美，表现为量化的风景美学质量，具体评价方法为美景度评判法（SBE）。农田景观美感的级别可通过审美群体之间的共同感受确定。打造美丽的农田景观的关键点就是如何展现和提升农田景观的文化，寻找其形象美和功能美的结合点，展示其生态之美、丰产与健康的"大脚"之美、蓬勃而烂漫的野草之美。如今美丽的农田景观不再是传统的经济追求，更主要的是在经济基础上强调情调、气氛、意境和韵律等。

3. 循环

农田景观作为自然界中最具魅力的景观类型，其存在、发展、变化都遵循着一定的自然规律，本身一年四季的变化就展示其循环往复、周而复始的特性。生命是在无限循环的由生到死的过程中繁荣生长着，农田景观中的每一种生命体也都是以独特的循环方式传递着对自然的执着和对生命的珍视。

未来的农田景观设计必须以循环为目标，必须以始于"源"，经"流"，而终于"汇"的方式为手段，必须有"资源—产品—再生资源—再生产品"的反馈式发展过程。循环的农田景观具体表现为景观四季的时空变化、农作物自身的生长过程、农业资源的利用率提高、农产品的再使用、废弃物的再循环和再利用、源源不断的景观生态流、较高的生命力和承载力、循环的农田生产系统和农产品加工系统、一体化的城乡系统及无污染、高产量、高效益的生态系统，等等。

4. 发展

农田景观是一个动态发展、时空交融的生态文本，其内部要素、形态等都处于不断发展之中，呈现出一种历史进程与生态逻辑相融合的发展趋势，一定程度上具有生态逻辑的结构及历史过程中美的生态范式。

农田景观的设计不仅是简单地摒弃传统的"高消耗—高污染—高增长"的粗放型模式，而且是以发展为目标，使其在较好的保护基础上符合现代的生活，重视农田景观在新形势、新时代下生产功能定位的转变，因地制宜，不仅要继承传统、延续历史，更应该包容现代、顺应潮流。如果是为了消极地维持还不如积极地发展，这样的农田景观才会具有新活力和新生活的内涵，具有促使其发展的特质，才能走上历史文化引导下的正确之路，彰显其"山清水秀稻花香"和"桃花流水鳜鱼肥"的美景。党的十八大报告指出："给自然留下更多修复空间，给农业留下更多良田，给子孙后代留下天蓝、地绿、水净的美好家园。"这一生动的描述表明了发展的态度。

4.2 城郊型乡村景观设计

一、城郊型乡村景观的概念

城郊型乡村景观是世界范围内出现并分布较广的一种景观类型，其生境的多样性使得城郊型乡村景观能够保持生物多样性，具有较高的景观稳定性和景观异质性。由于城郊型的乡村仍以农业生产为主要特征，而农业生产是一个经济再生产和自然再生产相互交错的过程，因此，城郊型乡村景观预示着自然景观向人工景观过渡的不断变化的趋势。在结构上，城郊型乡村景观与城市景观的最大区别在于其乡村景观包括以农业生产为主的生产景观和粗放的土地利用景观以及特有的田园文化景观和田园生活方式，其人工建筑物空间分布密度较小，自然景观成分较多；在功能上，乡村景观一方面向农田景观和城市景观输入大量的劳动力，另一方面乡村景观中的物质和能量循环中的废物可以通过自然景观回归自然，实现重新利用。

从景观生态学的角度出发，城郊型乡村景观可以理解为是由乡村自然斑块和人类经营斑块组成的镶嵌体或者说乡村地域范围内不同土地利用单元的复合体，其兼具社会价值、经济价值、生态价值和美学价值，受到自然环境条件和人类活动的双重影响，在斑块的形状、大小和布局上差异较大，是一个自然—社会—经济复合的大生态系统，不仅包括自然环境生态系统、大农业生产系统，还包括人文建筑生活系统。三大系统相互影响，相互支持，它们的功能分别突出表现为环境功能、生物生产功能和文化支持功能。而人文地理学家则认为，城郊型乡村景观是构成城郊型乡村地域综合体的最基本单元，是指在城市边缘区具有一定的自然地理基础，人类利用程度和发展过程相似，形态结构及功能相似，各构成要素相互联系、相互制约的协调统一的复合体。从人文地理学的角度看，城郊型乡村景观是具有特定景观行为、形态和内涵的景观类型，是聚落形态由分散的农舍到能够提供生产和生活服务的集镇所代表的地区，是土地利用粗放、人口密度较小、具有明显田园特征的地区。因此，景观生态学和人文地理学对城郊型乡村景观的理解既有相同之处，又有一定的差异。

可以从以下几方面去理解城郊型乡村景观。从地域范围上看，它泛指城市景观以外的地域空间；从构成上来说，它是由乡村聚落景观、自然景观、农业景观和经济景观等构成的景观环境综合体；从特征上来看，它是自然景观和人文景观的综合体，是一种可以开发利用的资源，其特征是人类干扰程度相对较低，景观的自然属性较高，自然环境占主体。

二、城郊型乡村景观的特征

1.复杂的景观结构

城郊型乡村的景观结构较为复杂。随着城市化进程的发展，越来越多的工商业开始往城郊型乡村迁移拓展，这使得原始的农业景观中镶嵌了越来越多的商业金融、钢筋水泥混凝土的人工景观。两种景观相互交错，杂糅在一起，丰富了城郊型乡村景观的结构，同时也使城郊型乡村景观的结构变得杂乱。例如，位于北京近郊区的温泉镇百家瞳村，属于大城市边缘区的典型区域，面积仅约 100 公顷，据李振鹏等的乡村景观分类和制图研究结果显示，该区共包括裸岩景观、荒草地景观、人工林地景观、园地景观、农田景观、聚落景观、工程景观、水城景观、道路景观等 9 个景观亚类、28 个景观单元类型、162 个大小不等的景观斑块，其景观类型的分布十分复杂。

2. 多样的景观功能

城郊型乡村的景观结构综合了城市景观和乡村景观两种要素，同样的在功能上也应该要综合两者的优势。传统的乡村景观的功能主要体现在乡村景观资源提供农产品的基本生产功能，城市景观主要强调文化支持功能以及美化环境、为市民创造美好休闲环境的功能。城郊型乡村景观在功能上具有两种景观的综合功能，在此基础上，还起到了保护及维护生态环境的功能以及作为旅游观光资源的功能。

3. 景观单元之间错综复杂的边缘效应

城郊型乡村内部不同性质系统间的相互联系和相互作用，具有独特的性质，主要表现在产业结构、人口结构和土地利用结构等方面，比如：工业景观和建筑景观系统与乡村的农田和自然景观系统之间的冲突，城乡居民之间的混居，农业人口向非农业人口的转化等。因此城郊型乡村是城市景观、乡村景观、农田景观、自然景观之间物质和能量流动频繁交换的地区，表现出很强的边缘效应，是景观研究的重点和难点区域。

4. 乡土风貌逐渐消失

乡土文化景观遗产，是指那些可以申请得到政府和文物部门保护的，具有悠久历史和丰富的人文意义的景观，如村中的古塔、古树或祠堂等。城郊型乡村在城市化的冲击下，使得原本就已经岌岌可危的文化景观遗产受到了更大的冲击。所谓乡村的草根文化，包含着一切可以代表乡村特色的物体，可以是一条河流、一块石碑、一条古道，甚至是一片瓦片，它们虽然普通，但是它们承载着乡村最原始的记忆和精神。但是现在许多城郊型乡村建设往往只注重物质环境的建设，将风马牛不相及的城市模式，如欧洲村模式嫁接在我们的本土乡村上，严重破坏了我们独具特色的草根文化。由此反映在城郊型乡村景观上，便是景观中的乡土风貌逐渐消失。

三、城郊型乡村景观的功能

1. 生态功能

从城乡生态系统来看，城郊型乡村景观是城市生态系统的一道绿色的屏障。城郊型乡村景观中的自然景观，如山林、田园、河流等，与城市内部的公园、绿地相互呼应，成为城市绿地系统中重要的一环。山林、田园、河流等和城市的绿地景观相比，具有更多的物种以及更加丰富的生物群落结构，这也为城市及其周边的动植物提供了良好的生态栖息地。另外，从前文中阐述的斑块—廊道—基质模型来分析，每一个城郊型乡村都是一个小小的生态斑块。然而将城市与周边的城郊型乡村结合来看，城郊型乡村就是一个连接的绿色廊道，使城市、城市郊区和乡村的绿地形成合理的景观生态结构。

2. 观光旅游及美化功能

城郊型乡村拥有优美的、不同于城市景观的自然风光。特殊的地理位置，使得它拥有便捷的交通，与同处腹地的乡村相比，它还有较为完善的商业服务设施，这几个条件让城郊型乡村成为城市居民进行乡村旅游的首选。城郊型乡村景观满足了城市居民亲近自然、与自然和谐相处的情感需求，还可以让城市居民参与耕作、种植花果蔬菜等，获得城市中感受不到的体验。城郊型乡村景观最直接的功能就是为乡村中居民提供一个生态优美的居住环境。一个好的乡村景观设计要彻底改变乡村原本的脏、乱、差的面貌，提高居民的生活质量。

3. 文化载体功能

每一个乡村都有其传统的乡村文化、民俗风貌，它们是一笔宝贵的文化财富，是凝聚了几代人的智慧、习俗、生活经验的结晶，我们应该将其传承下来，并发扬光大。城郊型乡村也不例外，在进行乡村景观设计时，我们可以将这些无形的文化通过有形的景观表达展现出来，让景观获得思想的生命力，成为文化的载体。

四、城郊型乡村景观设计的原则

城郊型乡村由于自身特殊的地理位置，其乡村景观具有独特的地域性，它既不同于城市景观，又不同于地道的乡村景观。城郊型乡村景观具有景观原始性突出、景观生物多样性明显、景观人为干扰程度分化明显及景观完整性分异突出等特点。正是城郊型乡村景观这一系列特点，决定了城郊型乡村景观规划应符合以下相应原则。

1. 整体综合性原则

城郊型乡村景观是由一系列生态系统组成的具有一定结构和功能的整体，是自然与文化生态系统的载体，在规划设计时需要运用多学科的知识，从整体角度出发进行景观要素的设计，从而使设计的景观特征能够融于自然。此外还要把景观作为一个整体单位来思考和管理，以达到整体最佳状态，实现优化利用。

2. 景观多样性原则

多样性是在一个给定系统中，对环境资源如物种、生境变异性和复杂性的量度，包括物种多样性和景观多样性即生境或生态系统的多样性两方面。多样性程度越高，生态系统的稳定性就越高，景观的个体特性更丰富。因为多样，所以即使损失了某些要素，也可维持其基本框架与整体特征。多样性既是景观规划与设计的准则，又是景观管理的结果。每个景观都具有与其他景观不同的个体特征，即不同的景观具有不同的景观结构和功能，由此要求不可忽视每一处景观特征，在景观规划中要利用一切可能利用的要素，突出个性，体现景观对异质性的要求。景观空间异质性的发展、维持和管理是景观规划与设计的重要原则。景观规划与设计要因地制宜，体现当地景观特征，而不能生搬硬套其他地域的景观利用模式，这也是地域分异客观规律的需要。

3. 生态美学原则

生态美包括自然美、生态关系和谐美以及艺术与环境融合美。它与强调人为的规则、对称、形式、线条等形成鲜明对照，是景观规划与设计的最高美学准则。在规划设计城郊型乡村景观时，对现在已经存在的和谐景观，要依顺它，进行略微改造，突出其最佳的景观特征，充分反映其固有的景观情境；而对于不协调的景观要素，要用自然的方式巧妙地加以屏蔽或弱化。另外，在对城郊型乡村景观进行规划设计时，要尽可能有效地保护自然景观资源如森林、湖泊、草地等，维持自然景观的功能。同时，依据自然生态系统和生态过程进行景观设计，可减少投入，形成优化的景观，实现生物与环境之间的和谐统一。例如，选择本地林木树种依据自然形态种植，并且与轮廓线斜交，呈曲线型增加边缘的复杂性，按地表起伏进行调节。注意目标种对栖息地的不同要求，诸如土壤、阳光、荫蔽或暴露的生境等。景观规划的一大特色就是以曲代直，实质上就是强调与大自然山形水体的结合呼应，这也是中国造园名言"虽由人作，宛自天开"的真谛。生态美学原则在生动的人文景观规划与设计中显得尤为重要。

4. 自然景观优先原则

自然景观资源的保护和自然景观生态功能的维持是保护生物多样性及合理开发利用资源的前提，是景观持续发展的基础，它们对保持区域基本的生态过程和生命维持系统及保存生物多样性具有重要的意义。此外由田野、林地、河流等所组成的乡村原生景观是人工难以模拟的，它向人们展现的是一种人内心所寻求的生机感与自由感。以自然为背景，尊重自然、保护自然，在影响尽量小的情况下对原始自然环境进行变动是城郊型乡村景观规划设计的基本原则。

5. 乡土化原则

城郊型乡村景观规划设计中要注重对乡土物种以及乡土材料的使用。对于乡土物种的选用，不仅要能够体现具有当地特色的景观植被状态，而且对于维护生态系统的安全有着重要的作用。乡土材料如田间的石块、板岩，溪涧的碎石以及当地木材等的使用，不仅能够带动地方经济，减少物质运输成本，而且有助于加强景观构筑物与周围环境的融洽关系。

6. 场所最吻合原则

合乎生态学思想的景观规划设计，要求将人类对自然的介入约束在环境容量以内，不破坏物质、能量流的基本渠道，创造既服务于人，又与自然环境关系最融洽的场所，如与地形、区域气候最协调的建筑往往冬暖夏凉，不仅节省工程量，还能创造出优美的景色。再者，如果把河道网络、动植物养殖和游览功能结合起来，就可能创造出保护历史遗存且与场所最吻合的景观。

在城郊型乡村景观规划设计中除了遵循上述原则，还应该注意以下几点：①重建植被斑块，因地制宜地增加绿色廊道和分散的自然斑块，补偿和恢复景观的生态功能，为城市整体生态系统服务；②设计高效人工生态系统，实行土地集约经营，保护集中的农田斑块，构建有都市特色的农业景观控制建筑斑块；③停止盲目扩张，调整内部结构，提高土地利用率；④注重城郊型乡村整体风貌，规划具有宜人景观的人居环境，重新塑造环境优美、与自然系统相协调的景观整体；⑤坚持可持续发展原则，保持传统文化的继承性。

五、城郊型乡村景观的视觉形象设计

城郊型乡村景观视觉感受的协调一致应是城乡协调很重要的一部分。在进行土地利用规划时，应通过有效的规划手段，按照城乡一体、自然与人文结合的要求进行视觉形象设计，使城郊型乡村的各类景观元素有机合成、交相映衬、浑然

一体，使乡村自然景观、城镇格局、建筑风貌、市井民俗、文化风尚等在快速的城乡交融中井然协调，使视觉形象完整和谐，达到浑然天成的至臻境界，从而协调完整、丰满而富于特色地体现城郊型乡村景观风貌，给人良好的视觉感受。

城郊型乡村景观视觉形象设计应服从以人为本的指导思想，运用景观生态学原理和系统工程的方法，对乡村景观生态格局、绿色开放空间体系、视觉空间品质、地方历史文化风貌、山水美学意境等几方面进行研究分析。城郊型的乡村景观形象设计涉及空间序列的组织、天际轮廓线的构成以及环境氛围和意境的创造等多方面内容。在设计时要注重城乡景观协调的整体效果，建立完善的绿色开放空间体系，提高视觉空间品质。同时，强调城乡环境具有多层次、多方位、多媒体的环境视觉形态，注重景观视域、视廊、视点的处理，尽可能保持城市特色景观与城郊型乡村特色景观视线联系的和谐。此外，视觉形象设计还要把握人们的审美经验、文化素养和审美心理，从景观的层次性和差异性出发，从形的欣赏到意的寄托等沟通不同文化层次的审美情趣，创造出真正反映大多数人心理倾向的地域特色文化景观，使边缘区乡村景观元素协调、健康、高效，形成与自然生态相得益彰、互惠共生的有浓郁田园山水特色的总体景观视觉效果。

六、城郊型土地规划分区

土地利用受诸多难以预料和把握的因素影响，城郊型土地更是如此。城郊型土地混合使用和用地功能的频繁变迁是一种普遍存在的现象，该建设用地有着不确定的大集中趋势，在利益驱动下，土地利用和土地覆盖变化方式的随机性，致使边缘区各景观要素布局散落、不协调现象突出，这有损于边缘区景观风貌和区域生态质量。究其实质，城郊型土地利用既要发展又要控制的矛盾突出，而以数量为核心的规划内容，却失掉了空间规划的特色与应变能力。在当前条件下，边缘区土地利用规划的分区就是解决此矛盾的最佳途径。

在城郊型土地分区时，要着眼于边缘区土地利用类型的交错性和动态性，使分区既要能控制建设用地的无限制蔓延，又要使土地利用格局协调、生态良好。城郊型的土地分区应以土地适宜性和景观生态原理为前提和依据，在给边缘区土地利用制定大的绿色发展构架的同时，使用科学合理的分区规则调控各类土地利用类型之间的转化，合理搭配建设用地和农用地比例，营造和谐的乡村景观生态空间格局。边缘区分区时应引入绿图规划思想，使规划具有弹性，只勾画出分区的骨架，具体内容则根据现实的变化、市场规律和区域规则的制定在骨架上添加。同一分区内应是以环境相容和功能相似为原则的一组在利用时可以共处、相互转换的土地，或者是特定环境条件下能同时容纳多种使用功能的土地类型集合。各土地类型之间没有根本性矛盾，相互之间的转化不会造成边缘区乡村景观斑块—基质地位上的变动，能主导控制分区内用地的基本走向。土地利用分区通过设定合理的分区规则，形成农业用地大集中、建设用地小分散的格局，维护生态环境的安全格局，并且在不同土地利用类型之间要设置隔离带和缓冲区，以防止摊大饼现象的出现。

七、城郊型土地利用密度和强度的调控

由城市中心至城郊，人类活动强度逐渐减小。这种强度的梯度性变化是城市和乡村景观转化的主要动因。人类活动强度变化最终表现在边缘区土地利用的密度和强度上，这种内在梯度力的扩张无序也是边缘区乡村景观不协调的根源。土地利用强度和密度的空间分布无序造成城市环境质量下降，引发人口密度、交通状况、采光和开放空间分布不协调等一系列社会环境问题，既影响城市经济利益又影响城市环境质量，也使得边缘区用地类型转换快、变化多样，外在景观形态异质、紊乱，土地利用轮廓复杂，形成了城市型与乡村型土地利用犬牙交错、杂乱无章的独特地域类型。

因此，城郊型土地利用密度和强度的调控应是城郊型乡村景观协调性调控的重要内容。美国将容积率作为衡量土地利用密度和强度的指标，以此来保证建筑物周边空地的合理有效利用，并且同时使用空地率的概念，即以被开发土地建筑总面积与空地面积之比作为容积率的补充规定。同样，德国在土地整理法中明文规定，城市用地未达到额定容积率的情况下城市不予外延扩展。我国应参考借鉴这些经验和做法，通过在城郊型土地利用规划中对土地利用密度和强度的控制来协调城郊型土地利用格局。主要的控制指标包括建筑高度、建筑密度、建筑容积率、建蔽率、土地利用系数、城镇用地增长弹性系数等。通过对这些指标的约束来调控城市空间布局形式、开发顺序、开发强度，使得城郊型土地空间利用松紧有序，视觉景观协调舒适。

八、创建城郊型和谐的生态空间

城郊型乡村景观表现为各景观要素外在形式的结合，其本质是边缘区乡村景观生态系统状态与功能的外在反映。景观的美都是建立在环境秩序和生态系统的良性循环之上的。城郊型生态系统的协调与否决定了城市生态系统的外在形象是否和谐。因此，营造城市协调的外在景观，首要的就是建立和谐的边缘区景观生态系统空间。落实在城郊型土地利用规划中，就是要根据景观生态学原理和方法，合理地规划景观空间结构，使斑块、基质、廊道等景观要素的数量及其空间分布合理，使信息流、物质流与能量流畅通，建立和谐高效的景观生态空间，这

主要包括自然生态空间和人文生态空间两个部分的构建。

1. 自然生态空间规划

在城市边缘地带，规划时要重新审视乡土的自然价值，在对边缘区内部土地利用类型的布局进行景观适应性评价的基础上，合理规划设计环境敏感区、绿色生态空间和廊道，使核心区、缓冲区、生境廊道和关键点的结构配置合理，注意使自然走廊、绿廊、绿带、绿道外围农业用地，休闲用地等连接成网，将农业用地和谐地融入城市边缘地带，确立边缘区各类斑块大集中小分散的景观异质性格局。同时注重景观要素之间能量流动和物质循环的规律，避免建设用地的集中成块，把人工和自然景观有效融进生态平衡之中，使边缘区物质流、能量流、信息流和价值流和谐通畅，既实现经济和社会价值，又保护了生态环境，建成功能齐全、结构完善、景观多样化的边缘区乡村景观格局。

2. 人文生态空间规划

在规划自然生态空间的同时，应注重边缘区人文环境的规划。应继承和发扬城市的文化传统，在建筑中融入文化、反映文化，延续历史文脉，努力追求自然环境和人文环境的和谐统一。在土地利用规划中不仅要考虑人的需要，还要结合生态伦理和人道原理的要求，体现人类对自然的关怀，加强对边缘区自然景观、人文景观和生态环境的保护，避免传统的文化内涵和风貌消失在大规模村镇的更新改造之中，努力营造边缘区绿色人居环境。将边缘区建设成为集生态知识和文化背景于一体、地方特色和时代精神相统一的自然社会复合体，构建一个空间结构和谐、生态稳定、社会经济效益理想的乡村景观生态系统，使城郊型乡村成为一个具有丰富自然情趣、崇尚传统文化、格调高雅的社区，给人类带来长期稳定的效益，促进该区的可持续发展。

4.3 城郊型乡村景观规划提升的对策

一、立足于城乡和谐发展，建立城乡的有机整体

城乡二元结构是我国城市与乡村发展的重大难题。随着我国经济的发展，虽然城市与乡村发展都取得了举世瞩目的成就，但是城乡之间的差距却呈不断扩大的趋势。中共中央大力提倡统筹城乡协调发展，而城市近郊区乡村具有建立城乡统筹发展得天独厚的优势。近郊区的乡村在主体特征上仍以农村属性为主，保留了农村特有的景观类型、风土人情、民俗习惯等。而其位于城市边缘，又使其成为城市生活需求的主要供应地，是现代城市经济的重要组成部分，可以看作城市

经济的外围延伸区。在城市化进程越来越快的新形势下，城市近郊区受到城市的影响日益增大，其参与城市经济活动也越来越频繁，并且随着乡村旅游的兴起，乡村可以利用其丰富的资源，大力发展观光农业、休闲农业、生态旅游等项目，为城市居民提供休闲娱乐的场所和产品。

随着国家对新农村建设的重视，城市近郊区乡村作为一种特殊的乡村类型更应做好乡村规划。新农村建设强调农村居民生活水平的提高和乡村环境的改善，而优美的乡村景观也是吸引城市居民来此旅游的重要因素。因此，乡村景观规划要立足于城乡互促发展，建立城乡有机整体，形成城乡互促的和谐发展局面。

二、布局因地制宜，保护乡土特色

乡村景观的建设用地的选址，首先应该充分考虑当地的自然条件，需要让所要建设的景区或景点的景观特色与周围的自然环境特点相互协调。针对不同的土地资源，综合考虑我们的设计需求以及土地的自身条件，最终确定最适合的土地利用方式，进行合理的景观布局。城郊型乡村景观建设的过程中应该做好乡土特色的保护工作。城市化为乡村的发展注入了活力，加快了乡村的经济发展，城郊型乡村受到的影响更大，因此这需要我们在进行景观规划设计的过程中，保护好乡村的风貌特色、本土文化。总而言之，在进行城郊型乡村景观规划设计的过程中，我们既要和周围的自然山水环境相融合，也要注重乡土传统文化的延续和特色文化的保留。

三、加强生态环境保护，构建生态景观

城郊型乡村地处乡村和城市两大生态系统的接合部，因此同时受到两大生态系统的影响，它的生态系统就更加脆弱，因此对于城郊型乡村景观的规划设计就要以生态环境的优先保护为指导原则。主要的方法就是依托乡村的自然、田园环境，构建以整个村庄景观为基础的绿色生态防护体系。

四、充分利用乡土材料，发展可持续的节约型景观

在城郊型乡村景观的规划设计中，我们的设计理念要从乡村本土的文化之中去发掘和利用，这样才能设计出具有乡村特色风貌的景观。同样，在景观的设计建设过程中，我们也要从乡村中去挖掘和利用本土的材料，做到"取之于村，用之于村"，诸如将村中闲置的旧物做成景观小品等，这样不仅符合国家倡导的发展可持续节约型景观的理念，还能在景观细节之间体现乡村的特色风貌，使得设计效果更具乡土特色。

五、推动观光农业发展，促进传统农业的转型

乡村旅游是刚刚兴起的一种旅游方式，它给城市居民提供了一种暂时摆脱水泥森林的快节奏生活，回归田园、接近自然的一种方式。而发展观光农业是推动乡村旅游发展的一种重要的方式。

城郊型乡村是距离城市最近的乡村，因此成为城市居民进行乡村旅游的首选之地。推动城郊型乡村观光农业的发展，需要乡村景观设计能强化乡村农业资源的观光功能。

六、建设集中型布局模式，优化景观空间组合

早期的城市近郊区乡村无序引进企业，无科学合理的规划，布局模式杂乱，既导致了景观格局的支离破碎，又使得土地利用效率低，很大程度上破坏了乡村景观的美感。城市近郊区受景观破碎度影响最大的景观类型分别为农地景观、聚落景观和工业景观。在规划中应考虑如何才能更有效、更科学合理地使用土地和景观布局，未来在景观规划中必须促进景观空间布局的集中化，使得景观类型在乡村地域的分布都逐渐由相对分散的格局向集中化的方向发展。农地集中达到规模经营、聚落集中达到规模居住、工业集中达到集聚效益，表现在地表就是土地、聚落和工业用地的破碎度下降、稳定性增强，从而带来生态、经济和社会的良性发展。

参 考 文 献

[1] 吴家骅，叶南译 . 景观形态学景观美学比较研究 [M]. 北京：中国建筑工业出版社，1999.

[2] 张媛，刘登攀 . 环境心理学 [M]. 西安：陕西师范大学出版总社有限公司，2015.

[3]（美）施瓦茨，弗林克，西恩斯 . 绿道规划·设计·开发 [M]. 北京：中国建筑工业出版社，2009.

[4] 高峻，孙瑞红，李艳慧 . 生态旅游学 [M]. 天津：南开大学出版社，2014.

[5] 杨达源，刘庆友，舒肖明，等 . 乡村旅游开发理论与实践 [M]. 南京：江苏科学技术出版社，2005.

[6] 熊金银 . 乡村旅游开发研究与实践案例 [M]. 成都：四川大学出版社，2013.

[7] 陈威 . 景观新农村乡村景观规划理论与方法 [M]. 北京：中国电力出版社，2007.

[8] 徐清 . 城乡景观规划理论与应用 [M]. 上海：同济大学出版社，2017.

[9] 方明，刘军 . 国外村镇建设借鉴 [M]. 北京：中国社会出版社，2006.

[10] 吴家骅，叶南译 . 景观形态学景观美学比较研究 [M]. 北京：中国建筑工业出版社，1999.

[11] 高峻，孙瑞红，李艳慧 . 生态旅游学 [M]. 天津：南开大学出版社，2014.

[12] 杨达源，刘庆友，舒肖明，等 . 乡村旅游开发理论与实践 [M]. 南京：江苏科学技术出版社，2005.

[13] 熊金银 . 乡村旅游开发研究与实践案例 [M]. 成都：四川大学出版社，2013.

[14] 徐清. 城乡景观规划理论与应用 [M]. 上海：同济大学出版社，2017.

[15] 方明，刘军. 国外村镇建设借鉴 [M]. 北京：中国社会出版社，2006.

[16] 李晗，杨文静，刘家辉. 乡村聚落的时空演化及其问题研究 [J]. 山西建筑，2020，46（14）：28-29.

[17] 汪宇明，庄志民，Alan A. Lew. 山岳型生态旅游目的地规划的理论创新与实践 [M]. 北京：中国旅游出版社，2005.

[18] 李晗，杨文静，刘家辉. 乡村聚落的时空演化及其问题研究 [J]. 山西建筑，2020，46（14）：28-29.

[19] 吴志宏. 中国乡土建筑研究的脉络、问题及展望 [J]. 昆明理工大学学报（社会科学版），2014，14（1）：103-108.

[20] 傅伯杰，吕一河，陈利顶，等. 国际景观生态学研究新进展 [J]. 生态学报，2008（2）：798-804.

[21] 刘滨谊. 景观规划设计三元论寻求中国景观规划设计发展创新的基点 [J]. 新建筑，2001（5）：1-3.

[22] 陈望衡. 乐居：环境美的最高追求 [J]. 中国地质大学学报（社会科学版），2011（1）：120-124.